超深基坑稳定性分析与控制

孙伟亮　赫德亮　何本国　李红普　等著

中国铁道出版社有限公司

２０２２年·北 京

内 容 简 介

本书紧紧围绕目前我国许多深大基坑工程面临的支挡结构失稳破坏和地下水防治等重大工程技术问题,从现场工程调查、综合原位观测、理论推导和三维数值分析,到工程应用研究,进行了系统创新研究。对现有土压力计算理论进行推导和完善,并应用于异形深大基坑支挡结构加固优化;系统分析止水帷幕和降水井结构参数及布置形式对基坑工程降水的影响。

本书主要作为高等院校相关专业的教师和学生、科研院所和工程院所的科研人员、工程技术人员的参考用书。

图书在版编目(CIP)数据

超深基坑稳定性分析与控制/孙伟亮等著.—北京:
中国铁道出版社有限公司,2022.11
ISBN 978-7-113-29022-1

Ⅰ.①超… Ⅱ.①孙… Ⅲ.①基坑-坑壁支撑-研究
Ⅳ.①TU46

中国版本图书馆 CIP 数据核字(2022)第 053491 号

书 名:**超深基坑稳定性分析与控制**
作 者:孙伟亮 赫德亮 何本国 李红普 等

责任编辑:李露露　　　　　编辑部电话:(010)51873240　　电子邮箱:790970739@qq.com
封面设计:崔丽芳
责任校对:孙 玫
责任印制:高春晓

出版发行:中国铁道出版社有限公司(100054,北京市西城区右安门西街 8 号)
网　　址:http://www.tdpress.com
印　　刷:北京富资园科技发展有限公司
版　　次:2022 年 11 月第 1 版　2022 年 11 月第 1 次印刷
开　　本:787 mm×1 092 mm 1/16　印张:8.75　字数:195 千
书　　号:ISBN 978-7-113-29022-1
定　　价:50.00 元

【 前 言 】 >>>>

　　我国城市建设正处于高速发展时期,伴随着地下多层次空间资源的充分利用,基坑工程的数量不断增加,基坑的开挖深度也随之越挖越深,出现了许多超过 10 m 的深基坑,甚至超过 30 m 的超深基坑工程。这就导致采用传统设计施工方案,基坑工程地下水治理和基坑支挡结构稳定性控制越来越困难,进而影响施工过程的稳定和安全。基坑工程领域亟须采用新型支挡结构和治水手段,以促进基坑工程设计施工技术水平的不断发展和提高。

　　在多年的工作中,我们参与了大量的城市轨道交通、市政工程等基坑工程的设计和施工工作,在超深基坑的地下水治理和支挡结构稳定性控制领域已经取得大量工程经验和科研成果。为了更好地与同专业人士交流,我们将取得的工程经验和科研成果结合典型基坑工程实例汇编成书,供各位同行参考和借鉴。

　　本书主要围绕济南黄河隧道南岸基坑工程施工过程中面临的实际工程问题,对考虑土拱效应的土压力计算方法,考虑渗透力的水土压计算方法,各种因素对基坑稳定性、降排水效果的系统分析结果,进行了重点介绍。并将提出的基坑支挡结构优化方案与原设计方案进行了对比介绍,既有设计理论方面的改进创新内容,也有工程实际案例应用参考。当然,基坑工程的设计计算理论目前尚未成熟,仍处于发展阶段,基坑工程领域科研、设计人员对基坑设计理论的认识也不是一致的,因此在实际应用中读者应注意,不能简单套用。

　　本书由孙伟亮、赫德亮、何本国、李红普等共同编写。具体编写分工如下:何本国(第 1 章,第 4.6～4.7 节,第 6.3～6.5 节);赫德亮(第 2.1～2.3 节,第 2.5 节,第 5.1 节,第 5.3～5.4 节,第 7 章);刘恩榕(第 2.4 节,第 3.6 节,第 6.6～6.7 节);朱士奇(第 3.1～3.2 节,第 3.7 节,第 4.5 节,第 5.2 节,第 6.1～6.2 节);李红普(第 3.3～3.5 节、第 4.4 节);孙伟亮(第 4.1～4.3 节),

全书由孙伟亮统稿。

中铁十四局集团有限公司各级领导、济南黄河隧道项目部的现场工程技术人员和参与本项目的山东科技大学师生等都为本书的编写出版付出了辛勤的劳动,在此对上述做出贡献的专家、领导、科研人员和工程技术人员表示衷心的感谢!

由于编写时间有限,书中难免有疏漏和不足之处,敬请广大读者批评指正。

作　者

2022 年 3 月于济南

【 目 录 】 >>>>

1 绪　论

1.1　基坑工程研究背景

基坑工程是为了保证地面向下开挖形成的地下空间在地下结构施工期间的安全稳定和周边环境不受损害而采取的支护、土体加固、地下水控制等工程的总称。基坑工程广泛应用于各种工程建设，如地下商场、地铁车站、房建基础等领域，基坑施工过程中，坑内土体卸荷，坑外土体应力重新分布，会诱发一系列变形，不仅影响基坑自身的稳定性，更会影响基坑周边建构筑物的安全。因此，基坑开挖施工过程中，稳定性是工程界与学术界共同关注的焦点。

基坑工程是一项风险性工程，同时又是一门综合性很强的新型学科，它涉及工程地质、土力学、结构力学、基础工程、原位测试技术、施工技术、土与结构共同作用以及环境岩土工程等，是理论上尚待发展完善的综合技术学科。我国从 20 世纪 70 年代开始开展了大量的基坑工程建设，当时的基坑开挖深度比较浅，一般不超过 10 m，基坑设计主要采用经典土压力计算理论。从 20 世纪 90 年代开始，城市地下建筑工程在我国进入一个蓬勃发展时期，基坑的开挖深度也随之越挖越深，出现了许多超过 10 m 的深基坑，甚至超过 30 m 的超深基坑工程。

超深基坑与浅基坑工程在空间结构上有很大区别，土拱效应在超深基坑开挖中表现得也越来越显著，因此，目前仍采用不考虑土拱效应的经典土压力理论进行计算的合理性有待进一步研究。其中，土拱效应是由于介质的不均匀位移引起的。土拱的形成改变了介质中的应力状态，引起应力重新分布，把作用于拱后或拱上的压力传递到拱脚及周围稳定介质中去。实际上，土拱是用来描述应力转移的一种现象，这种应力转移是通过土体抗剪强度的发挥来实现的。土拱效应的存在可以显著降低支挡结构的主动土压力，通过对土拱效应特征的研究和经典土压力计算理论的改进，可以帮助人们认识到超深基坑工程的应力分布状态，并弥补传统设计方法的不足，进而确保整个支护体系的安全和稳定。

由于设计和施工对工程影响较大，所以目前的设计方法和施工技术有待进一步深入优化研究。基坑工程事故不仅给国家经济和人民生命财产安全造成不同程度的损失，而且会出现延误工期、追加造价以及影响周围居民正常生活的负面效应，进而会给城市建设和企业形象造成不良影响。然而，基坑工程事故的严重性也会使人们走向另一个极端，即为了确保工程安全，一味片面地提高设计标准，盲目地保守设计，进而造成了许多不必要的浪费。因此，目前基坑工程的支护设计和施工技术有待提高。

本书以济南黄河隧道工程为依托，采用现场试验、理论解析、三维数值模拟相结合的方法，研究基坑在开挖过程中变形和支护的关系；对基坑开挖过程中维护墙体的深层变形、不同工况和空间位置的支撑轴力、周围土体的沉降与地表变形进行分析；并给出不同地质条件下的工程建议。研究成果将直接应用于实际工程，能够起到优化设计、缩短工期、保障结构安全、节约建设基金等重要作用，具有突出的工程应用价值，并且可为今后国内深基坑工程的施工供科学依据和技术支撑。济南黄河隧道工程是"三桥一隧"跨黄设施的重要组成部分，也是黄河上第一条公路地铁合建的隧道。该通道的规划建设有利于加强济南黄河段南北两岸的联系，增加跨黄通道的密度，同时也能有效分流既有过河设施的交通流量。对带动济北新城、济阳、商河的发展具有战略性意义。在建济南黄河隧道南岸临近地上悬河富水粉质黏土超深基坑支护结构需承受坑外的侧压力，阻挡孔隙水压力，地下水在基坑开挖过程中容易引起渗透破坏、地层的不均匀变形，甚至地下水环境的破坏。因此，需要进行临近地上悬河富水粉质黏土异形深基坑施工关键技术研究，以确保基坑施工安全，为同类工程提供技术支撑，并对完善基坑支护设计、建筑物稳定性防治等方面具有指导意义。

1.2 超深基坑研究现状

1. 深基坑围护结构稳定性与参数优化

国外对深基坑变形的研究可追溯到 20 世纪 30 年代，Terzaghi[1] 最初提出对基坑进行分析，指出的总应力法理论主要用于开挖稳定和支护内力的估算，自此越来越多的学者对基坑工程进行了研究，并对基坑的理论知识不断进行发展和完善。

基坑开挖具有明显的"角部效应"[2-4]，基坑周边变形呈现"两头小、中间大"。基坑开始进行开挖时最大的位移分布在墙体的顶端，后出现最大侧向位移不断随墙体下移，侧移峰值处于"约在基坑深度的 3/4 处"，并且开挖越深、墙体的位移越大。基坑开挖引起的围护墙体具有明显的空间和时间效应，在基坑不同水平位置以及竖向深度位置，所需的支撑刚度和间距应该有所差别，而现有的支撑结构采用统一的结构型式和均匀间距，存在极大的浪费。

基坑开挖导致周围土体的应力场发生变化，若土体发生较大的变形则会影响周边构筑物等重要结构的安全。在施工过程中，由于项目的不确定性，不能对之前的其他工程经验完全进行套用，所以针对不同的工程要进行具体分析。

钢支撑施加预应力对基坑变形能够起到积极抑制作用，可有效降低地下连续墙的水平侧移和地表沉降，由于基坑变形呈现极不均匀的特征，钢支撑分布应该中间密、两边稀疏，同时刚度和预应力应有所区别，但是目前的施工中几乎忽略了这一点。

2. 深基坑结构土压力计算理论

土拱的存在能显著降低支护结构主动土压力，按照 Terzaghi[1] 的观点，一定强度的材料，只要内部出现不均匀变形并且局部地区存在阻挠作用，即会形成土拱。土拱是一种应力转移现象，是土体通过不均匀变形的应力传递和自我优化调整而自发形成。在超深基坑的设计中，正确合理的确定土压力直接关系到整个支护体系的安全稳定，而且对成本控制起到很好的作用。现行的朗肯土压力和库仑土压力都没有考虑土拱效应。

开挖扰动后，基坑坑壁会与支护结构一起发生变形或移动，从而带动坑周土体的变形和移动土体的变形移动,可能会使坑周土体出现不同的变形区域。在弹性区域和塑性区域之间,由于变形量不一致,变形量大的区域由于较大的变形而出现相对较大的应力松弛,变形量小的区域因变形发展不能跟上变形量大的区域而不能获得有效"支撑",在压力差、黏聚力、内摩擦力等共同作用下使得强度效应得到发挥,变形量小的区域内部的应力开始向两侧发生偏移,从而便在空间形成了卸荷拱。

随着变形量的增加,卸荷拱不断变大,在扰动增大到一定程度时,卸荷拱处于极限平衡状态,即形成所谓的平衡拱。如果进一步增加扰动,平衡拱便可能因承受较大的应力差而破坏。

一般情况下,实际场地土层分布较为复杂,土层分布不均匀且土质有软硬之分,围护墙体埋置在土中时会经过不同的土层条件,因此需寻求一种可适用于多种土层条件的计算方式。

3. 深基坑开挖支挡结构深层水平位移

叶帅华等[5]通过现场监测与数值模拟得出,桩顶水平位移的变化可有效地反映出桩身水平变化特性,基坑侧壁中部的测点累计水平位移量大于基坑拐角处监测点累计水平位移量,桩顶水平位移时空效应明显。陈辉等[6]分析了该深基坑周围地表沉降、建筑物沉降、围护墙侧移、墙顶和立柱隆沉等内容及其之间的统计关系,总结了开挖过程中狭长深基坑及周边建筑物的变形规律和影响因素,通过与已有的实测统计结果作对比,分析了狭长深基坑与一般深基坑在变形方面的异同点。刘杰等[7]初步研究了钢支撑施作位置的不同,围护桩入土深度的变化对基坑围护结构变形的影响。顾慰慈[8]在对基坑围护结构后土体滑裂面形状系统研究的基础上,推导出土体的平衡拱轴线方程。杨雪强等[9]基于土的塑性上限理论和极限平衡理论,提出了考虑空间效应的土体压力计算公式。胡敏云等[10]针对桩排式支护结构,将土压力分布分成直接土压力和间接土压力两部分,通过土体变形分析,提出了运用主应力拱的应力分析计算支挡结构土压力的方法。王成华等[11]从方桩桩间土拱形成的原理和力学特性论证入手,较全面地分析了桩间土拱的受力、变形、力的传递和土拱破坏瞬间的最大桩间距,并建立了抗滑桩最大桩间距平面计算模型。王荣山[12]采用基于理正深基坑支护结构设计软件计算施工过程中桩的受力和变形;根据桩的变形情况,结合基坑对环境影响的经验公式计算地表变形。芦森[13]对杭州粉砂土地区某基坑支护结构内力和变形进行了分析,得出了类似地质情况下基坑工程在开挖支护过程中支护结构变形主要受支撑刚度影响的结论,研究表明,在基坑施工过程中基坑开挖深度、土体的位移、基坑的形状等因素对深基坑支护结构位移产生复杂的影响,随着基坑开挖深度的增加,支护结构的挠曲变形显著增加。陆余年、沈磊等[14]通过对上海软土地区超大深基坑工程监测数据的分析,采用三维有限元实体模拟分析与监测数据对比分析的方法,研究了超大深基坑工程支护结构水平位移变化的规律,研究表明,主体结构的梁板作为水平支撑,具有很大的刚度,支护结构变形小,对保护周围环境及基础设计是有利的。徐中华等[15]应用统计学的相关理论对上海地区多个采用地下连续墙为围护结构的深基坑工程进行分析,研究表明连续墙的最大水平位移为0.1%倍基坑开挖深度至1%倍基坑开挖深度之间,提出了考虑温度影响的支撑轴力计算法,使得支撑轴力计算值更加接近实际变化情况。

在国内外学者的共同努力下,目前有关深基坑工程的研究已经取得了一定的成果,在某些方面更是达到了较高水平,为超深基坑安全建设提供了技术支撑。但由于深基坑工程结构复杂,对其安全、性能的影响因素众多,涉及土力学、结构力学和流体力学等学科领域,因此仍然有很多需要完善的地方。

4. 深基坑开挖对周边环境的影响

城市地铁基坑周边环境复杂,往往存在较为密集的建筑物、地下设施。环境控制逐渐成为主要内容,它不仅要保证基坑工程的安全,还要保证基坑周边既有建(构)筑物、地下管线的安全。基坑工程是由基坑降水、支护及开挖这三大部分构成。基坑施工是一个动态过程,随着工程的施工原有土层的应力平衡会发生改变,土体开始发生侧移或者固结,开始对基坑附近的建(构)筑物产生影响,使得这些建(构)筑物产生形变,直至达到一个新的平衡状态。当形变超过建筑物(构筑物)的承受范围时,就会使建筑物(构筑物)产生裂缝、倾斜等一系列损伤,影响建筑物(构筑物)的正常使用。为此有必要对此类建筑物(构筑物)的安全性鉴定与评估方法进行研究,及时对该类建筑物(构筑物)进行鉴定,确保建筑物(构筑物)的安全使用。

地表沉降的变形曲线趋势表现为在基坑边缘范围内逐渐增大至某一位置达到最大后在较小范围内不断减小,直至位移值趋于平稳,呈现"凹槽型"[16]。影响基坑地表不均匀沉降的因素主要有围护墙体的位移、基坑底部隆起、井点降水造成的固结沉降等,且各个变形之间互相联系。对现有多个深基坑案例的监测数据统计表明,深基坑地表沉降的最大值处于$(0.1\% \sim 0.8\%)H$(H为基坑深度)的区间内,且在$1.5H \sim 3.5H$范围内沉降影响较大。

5. 临河深基坑工程降水治理

临河深基坑的稳定问题,即为受非对称荷载和地下水渗流的共同影响。地下水的渗流会增大土体颗粒之间的有效应力,进而导致土体变形,加上土层的分布存在不均匀性,周围环境会产生不均匀沉降。临河深基坑工程可能引起基坑失稳、坑底隆起、围护结构破坏、坑内发生涌水突水、坑外路面沉降、建筑物开裂、管线渗漏和破裂等严重问题[17],会带来巨大的经济损失和安全事故。据统计,约有22%的基坑事故与地下水控制措施不当直接相关[18,19]。

为保证基坑安全施工,深基坑开挖前和开挖过程中一般需要采取基坑降水措施,由于地层的复杂性和多样性,降排水方法也是多种多样。由于降水失效而造成的事故案例屡见不鲜,虽然国内外对地下水的控制技术有一定的研究,但还存在许多不完善的地方,而针对临近地上悬河超深基坑降水治理的研究更是很少。因此,对富水粉质黏土地层超深基坑的降水治理技术进行研究具有重要的理论意义和工程实践价值。

2 多因素联合土体参数智能反分析方法

2.1 引　言

数值计算分析作为一种有效的研究方法在岩土学科中得到广泛应用,目前已有大量学者采用数值计算在基坑工程领域开展了大量研究。随着城市地下空间的开发和利用,基坑工程的建设数量不断增加,基坑开挖深度也随之越来越深。为了保证基坑施工过程的结构安全和稳定,需要开展大规模的工程计算[20]。但在基坑工程计算中岩土物理力学参数取值不准一直是困扰工程界和学术界的关键技术问题。

地下连续墙深层水平位移、基坑内支撑轴力和地表沉降是衡量基坑开挖过程稳定性和对周边构筑物影响程度的重要指标。现有的基坑土体参数反演分析方法,主要采用地下连续墙深层水平位移单一监测项目进行土体参数反分析[21],内支撑轴力和地表沉降等关键监测项目在反演分析中应用较少。这就导致在基坑土体参数反演分析中参与反演分析的监测项目拟合程度高,其他未参与反演分析的监测项目,反演结果与实际工程拟合程度相对较差的问题。

在反演分析方法中目前应用较广的主要有两类:一类是通过迭代计算寻优,如蚁群算法[22]、粒子群(PSO)算法[23]、AMALGAM算法[24]等,这类反分析方法需要基于前一步的计算结果进行寻优,对于计算耗时较长的大模型效率相对较低;另一类为通过样本训练映射模型对土体参数进行反分析,如BP神经网络[25]、RBF神经网络[26]、进化神经网络[27]等,这类方法虽然也需要计算大量的训练样本集,但是可以通过多台计算机同时计算以提高计算效率。

土体的应力—应变关系与应力路径、加载速率、应力水平,以及土的剪胀性、各向异型等特性相关,因此,土体的本构关系十分复杂[28]。在基坑工程数值计算分析中常用的本构模型有:Hardening Soil Small Strain(HSS)模型、Hardening Soil(HS)模型、Mohr-Coulomb(MC)模型、Drucker-Prager(DP)模型、修正剑桥(MCC)模型等,通过对在基坑工程中应用的模型对比分析发现HSS本构模型在基坑模拟分析中具有较好的适用性,能够同时得到合理的支挡结构变形和周围土体的变形情况[29,30]。但是HSS本构模型参数较多,部分参数取值较困难。

为此,本章同时采用地下连续墙深层水平位移、内支撑轴力和地表沉降多个监测项目对基坑土体参数进行反演分析,以济南黄河隧道南岸工作井超深基坑为例,采用进化神经网络算法,对济南黄河南岸基坑工程区域粉质黏土HSS本构模型土体参数反分析。

2.2   土体参数反演分析基本理论

1. 试验样本构建方法

合理的试验设计方案有助于尽量减少试验次数,得到较多的结论。目前常用的试验设计方法主要有:正交试验设计法、全面试验设计法、均匀设计法和单因素轮换法等。在土体参数反演神经网络映射模型训练中,全面整齐、均匀分布的样本可以得到更好的神经网络映射效果。综合考虑计算工作量的大小和神经网络反演分析样本的稳健性,本文采用了正交试验设计法构建神经网络反演分析训练样本集,采用均匀设计法构建神经网络反演分析预测样本集。

（1）正交试验设计法

正交试验设计(Orthogonal Experimental Design)是目前试验方案设计中使用最为广泛的设计方法之一,该试验设计方法最早于在 20 世纪 60 年代,日本著名统计学家田口玄一提出并将其设计表格化。正交试验设计是依据 Galois 理论从全面试验中根据正交性来挑选代表点,使用该方法挑选的代表点具有两个特点:①"均匀分散",挑选出的代表点均衡地分布在全面试验方案的范围内,让选中的每个试验点都具有充分的代表性;②"整齐可比",通过正交试验设计更容易分析各个因素主效应和部分交互相应,进而便于研究各个因素对目标值影响程度的大小和规律。

为了直观地看出正交试验设计方案挑选的代表点的分布特点,选择典型的 3 因素 3 水平正交试验设计方案,正交试验实验点分布立体图,如图 2-1 所示。可以看出通过正交试验设计选择的 9 个试验点在全面试验方案范围内散布均匀且排列规律整齐。正交试验设计法简单且通俗易懂,是一种高效、科学、快速和经济的实验设计方法。

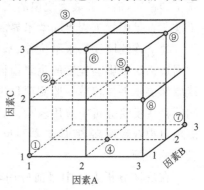

图 2-1   因素 3 水平正交设计立体图

（2）均匀试验设计法

均匀设计法(Uniform Design)是由中国统计学家方开泰教授和中国科学院院士王元于 1978 年首创。均匀设计法仅考虑试验范围内的"均匀散布"的特点,因此,在条件范围变化比较大的情况下,采用均匀设计法只需要与因素水平数相等次数的试验即可达到正交设计的至少做次试验所能达到的试验效果。均匀设计法的独特布点方式,试验方案 $U_6^*(6^4)$ 如图 2-2 所示。

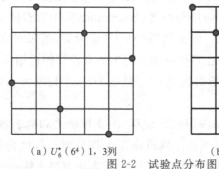
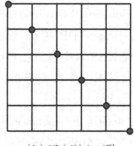

（a）$U_6^*(6^4)$ 1,3 列   （b）$U_6^*(6^4)$ 1,4 列

图 2-2   试验点分布图

2. 进化神经网络搜索方法

(1)BP 神经网络简介

BP 神经网络(Back Propagation,简称 BP)是近些年涉及数学、数值模拟、计算机等领域发展起来的一门学科。由于 BP 神经网络可以实现从输入层到输出层的高维度非线性映射功能,具有强大的自组织、自学习、非线性动态并行处理方式的能力,可以很好地拟合各种非线性问题。BP 神经网络结构,如图 2-3 所示。

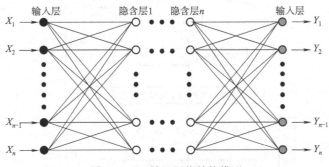

图 2-3　BP 神经网络结构模型

为了建立人工神经网络的量测信息(如:地下连续墙深层水平位移、地表沉降、支撑轴力等)和土体本构物理力学参数(如:初始剪切模量、阈值剪应变等)之间的非线性空间映射,需要将物理力学参数按照正交或者均匀试验设计构建参数组合表。然后,通过数值计算软件计算得到相应实测位置信息。将本构参数作为网络的输入向量,将实测相应位置计算结果作为输出向量,通过大量的训练样本对神经网络进行训练,从而构建输入端和输出端的映射关系网络。

(2)遗传算法简介

遗传算法(Genetic Algorithm,简称 GA),又称进化算法,是一种基于生物进化机制而提出的搜索寻优算法。在参数搜索过程中,遗传算法适合于问题的非线性的和不连续的特点。它以目标函数的适应值为指导依据实现全局大空间搜索,并且在搜索过程中不断调整搜索空间向可能包含最优解的方向搜索。因此,经过一定代数的进化搜索后,它可以寻找到最优解或准最优解。同时,由于其搜索最优解的过程只与编码和适应度打交道,无需明确的数学方程,可以有效地避免一般优化算法的维数灾难问题。在遗传算法的运算时,先将搜索对象编码为字符串形式,及类似生物基因,然后对一组字符串结构(被称为一个群体)进行循环操作。每次循环包括:复制操作(Reproduction)、交叉操作(Crossover)和变异操作(Mutation)。

(3)进化神经网络简介

进化神经网络集合了 GA 算法全局搜索能力强与 BP 算法的局部寻优效果好的特点,通过算法结合形成的优化组合,大大提高了网络训练算法综合性能。进化神经在 BP 网络结构优化和初始权值优化后,还要利用 GA 算法的全局搜索能力对 BP 算法的初始化权值和阈值进一步优化。进化神经网络软件算法的基本思想流程,如图 2-4 所示。为了便于叙述,图中 BPNN 表示 BP 网络模型,n 和 m 分别为模型的输入和输出个数,nh_1,nh_2,…为隐含层所含有的神经元个数;W 为权值矩阵。进化神经网络的计算过程中分为内外两层优化过程:其中外层进化循环是由 BP 网络结构参数的进化；内层循环是初始权值的变化，最后软件进一步优化网络结构初始权值基础上的 BP 算法循环，就构成了该软件的整个进化学习过程。

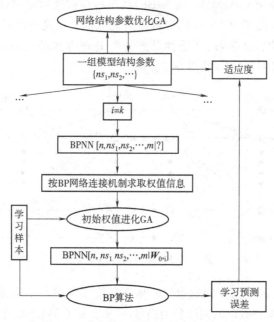

图 2-4   进化神经网络算法基本流程图

进化神经网络软件是在 Visual＋＋6.0 平台开发了可视化的软件 GANN，如图 2-5 所示。该软件可实现神经网络结构和初始权值的共同优化，还可以进行独立神经网络样本训练，并可以对输入与输出数据进行反分析。软件操作过程中学习训练样本以及检验样本都是以 txt 文本文档格式输入，这也实现了算法参数的可视化输入。

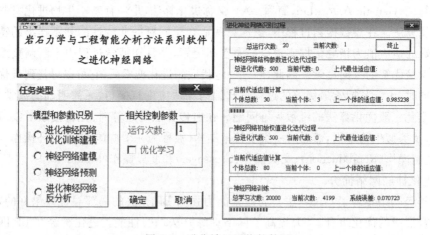

图 2-5   进化神经网络软件图

3. 灰色关联度检验分析方法

灰色关联度的基本思想是根据曲线间的相似程度来判断其关联程度。这种方法可以采用离散数据来量化两数列之间的关联程度,比较实测与计算位移数列的接近程度和类似程度。对于两数列 x_0 和 $x_1(i=1,2,\cdots,N)$

$$x_0=x_0(1),x_0(2),\cdots,x_0(n)$$
$$x_1=x_1(1),x_1(2),\cdots,x_1(n)$$

(2-1)

则两个序列的灰色关联度为

$$\zeta=\frac{1}{N}\frac{\min|x_0(k)-x_1(k)|+\rho|x_0(k)-x_1(k)|}{|x_0(k)-x_1(k)|+\rho|x_0(k)-x_1(k)|}$$

(2-2)

式中,ρ 为分辨系数,取值范围为 $0\sim1$,一般取 $\rho=0.5$。

4. 基坑土体参数反演分析方法

综合土体参数反演分析方法研究思路,本次反演分析过程主要分成待反演土体参数确定、土体参数智能反分析和反演结果检验分析三大模块,基坑土体参数反演分析方法流程,如图 2-6 所示。

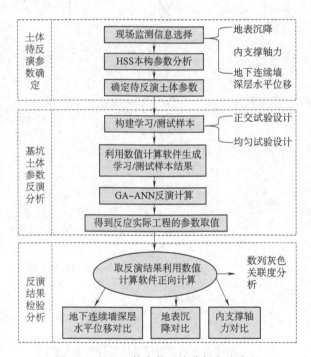

图 2-6　基坑土体参数反演分析方法流程

2.3　济南黄河隧道南岸基坑工程数值计算模型概化

2.3.1　工程概况

1. 基坑概况

济南黄河隧道工程是为实现携河发展战略,根据《济南跨黄河通道规划研究》规划新增"三桥一隧"跨黄设施的重要组成部分。济南黄河隧道南岸基坑工程为城市道路与轨道交通 M2 线共建济南黄河济泺路穿黄隧道附属工程,该基坑工程位于济南市天桥区济泺路,具体位置如图 2-7 所示。南岸明挖段分为汽修厂站段、合建段和南岸工作井基坑,总长817 m,基坑最深 35.4 m,宽 21～47.6 m。根据设计方案基坑均采用顺作法施工,围护结构采用地下连续墙＋内支撑组合支护方式。基坑施工现场航拍图,如图 2-8 所示。

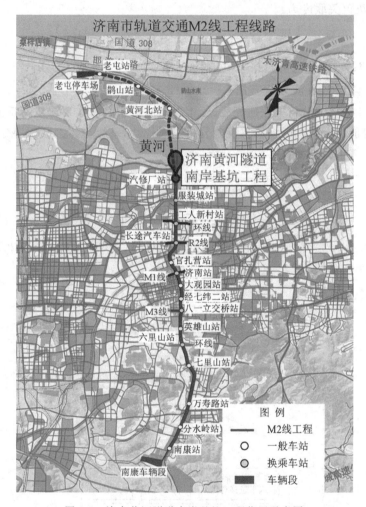

图 2-7　济南黄河隧道南岸基坑工程位置示意图

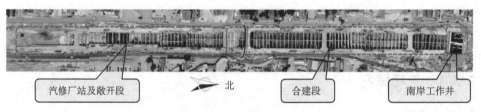

图 2-8　济南黄河隧道南岸基坑工程航拍图

2. 地质特征

济南黄河隧道南岸基坑工程位于冲积平原,地势较为平坦,地面标高为 23.76～24.80 m。根据钻探揭露该区域表层 0.0～3.0 m 主要为人工填土层,基坑开挖 3.0～25.0 m 穿越地层主要为粉质黏土层(局部为黏质粉土),工程性质一般,透水性弱～微弱,承载力低,压缩性中等～高,易产生变形;开挖深度至 25.0～40.0 m,以含 5%～20% 的钙质结核粉质黏土为主,工程性质相对较好;基岩揭露于 40.0 m 以下,主要为燕山期的辉长岩,全风化、强风化及中等风化均有分布。具体地层自上而下分层,如图 2-9 所示。

根据《济南市济泺路穿黄隧道工程岩土工程勘察报告》,各土层物理力学参数推荐取值,见表 2-1。

表 2-1　工作井基坑地层物理力学参数表

岩土编号	岩土名称	层厚/m	容重 $\gamma(kN \cdot m^{-3})$	抗剪强度(直剪) c/kPa	抗剪强度(直剪) φ/(°)	三轴(CU) c/kPa	三轴(CU) φ/(°)	压缩模量 $E_{s1\text{-}2}$/MPa
②	黏质粉土	0.80～6.70	18.4	12.5	10.7	15	21	5.14
②₁	粉质黏土	0.80～5.70	16.9	20	10	21	16	4.95
②₂	砂质粉土	0.50～18.80	18		20	18	24	
③	粉质黏土	0.70～9.00	18.6	22	10	23	16	5.05
③₂	黏质粉土	0.80～6.0	18.7	13	20	15	22.5	
④	粉质黏土	0.70～10.30	19.5	22.8	10.7	23	16	5.82
⑤	粉质黏土	0.70～10.60	19.7	22.7	11.4	24	18.5	6.11
⑤₁	黏质粉土	—	19.5	17	24	20	18	
⑤₃	细砂	0.90～4.70	19.5	0	32			
⑥	粉质黏土	0.60～4.40	19.6	26.4	13.9	30	18.5	6.84
⑥₁	细砂	0.60～3.70	19.5		32			
⑥₂	钙质结核	0.70～4.10	21					
⑦	粉质黏土	0.70～7.90	19.3	35	18	30	17	8.81
⑦₂	钙质结核	0.60～5.70	21					
⑧	粉质黏土	0.80～12.10	19.4	38	20	30	17	6.87
⑧₂	钙质结核	0.90～2.50	21					
⑨	粉质黏土	0.50～11.20	20	40	22	35	18	10.78
⑨₂	钙质结核	0.5～5.50	21					
⑨₄	细砂	1.00～4.10	20	0	35			
⑬	全风化辉长岩石	34.2	22	50	38			

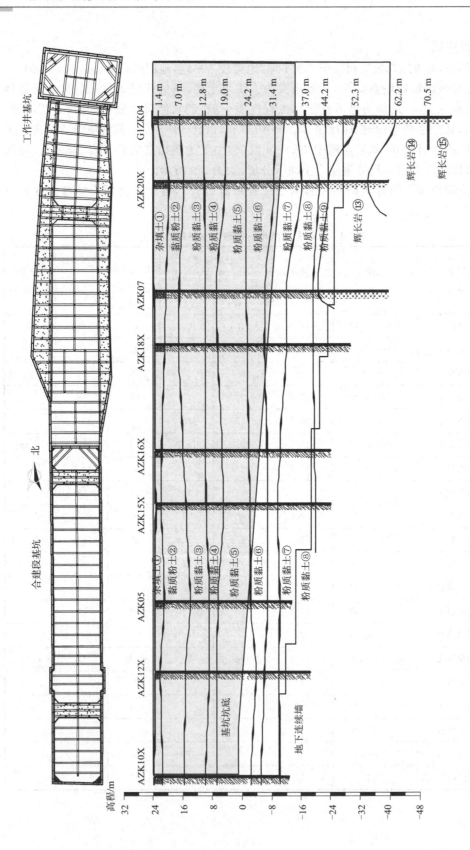

图2-9　济南黄河隧道南岸基坑（合建段及工作井）工程地质纵断面图

3. 工作井基坑支挡结构设计方案

济南黄河隧道工作井基坑工程为大盾构吊出井,基坑宽 29.8 m,长 49.0 m,最大开挖深度约 35.4 m,基坑采用顺作法施工。基坑支挡结构采用地下连续墙加内支撑组合支护方式,地下连续墙厚度 1.2 m,深 58.4 m;内支撑采用钢筋混凝土支撑和钢支撑组合使用方式,基坑深度范围内共设 8 道支撑(第 1、4、7 和 8 道为钢筋混凝土支撑其余为钢支撑),钢筋混凝土支撑截面为 1 200 mm×1 200 mm,钢支撑采用 $\phi = 800$ mm,$t = 20$ mm 钢撑。支撑结构如图 2-10 所示。

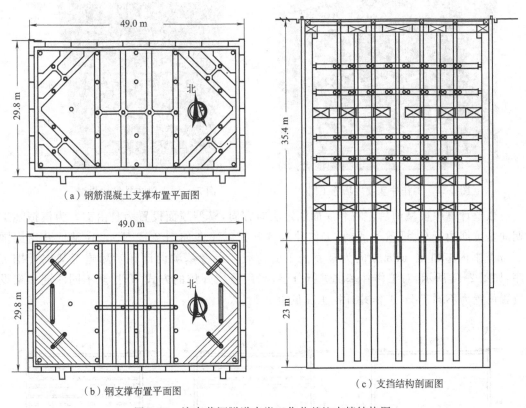

(a) 钢筋混凝土支撑布置平面图

(b) 钢支撑布置平面图

(c) 支挡结构剖面图

图 2-10 济南黄河隧道南岸工作井基坑支挡结构图

2.3.2 工作井基坑数值计算模型及开挖工序

根据工作井基坑设计和施工相关资料,采用大型通用有限元软件 ANSYS 建立工作井基坑三维数值计算模型,导入有限差分计算软件进行计算分析。具体建模如图 2-11 所示。基坑工程三维模型范围为:X 方向 360 m,Y 方向 340 m,Z 方向 120 m。模型单元数为 43.9 万,节点数为 44.7 万。

结合现场实际施工,如图 2-12 所示。工作

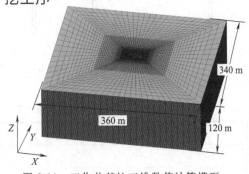

图 2-11 工作井基坑三维数值计算模型

井基坑数值计算考虑的支挡结构有:地下连续墙、内支撑(钢筋混凝土支撑/钢支撑)、围檩和格构柱等,基坑围护结构具体位置按照设计图纸(图 2-10)布置。其中地下连续墙、钢筋混凝土支撑、格构柱采用实体单元模拟,钢支撑采用结构单元 beam 单元模拟。工作井基坑第 1、4、7 和 8 道为钢筋混凝土支撑,第 2、3 和 5、6 道为钢支撑。数值计算中三维支挡结构模型如图 2-13 所示。

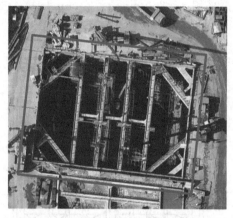

图 2-12   工作井基坑现场施工图

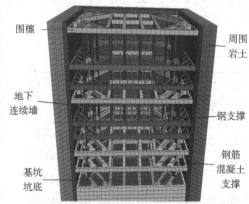

图 2-13   三维支挡结构模型

数值计算中模型前后左右和底面固定法向方向,模型顶面设置为自由面。为模拟施工期间基坑周边行车、堆载等活动,工作井基坑开挖工序图如图 2-12 所示,在基坑开挖周围 15 m 范围内施加 20 kPa 方向为竖直向下的荷载。参考基坑设计和实际施工基坑开挖工序,如图 2-14 所示,对工作井基坑进行分层,采用分层开挖的方式,开挖至不同深度和架设位置设置为不同工况,工作井开挖工况见表 2-2。

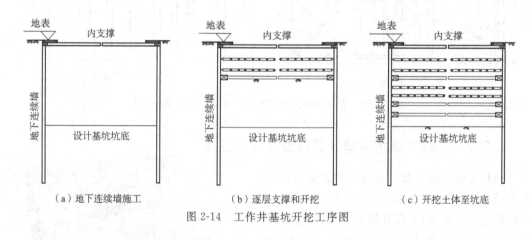

(a)地下连续墙施工   (b)逐层支撑和开挖   (c)开挖土体至坑底

图 2-14   工作井基坑开挖工序图

表 2-2   工作井开挖工况

工况	开挖层数/层	开挖深度/m	支撑道数/道	架撑高度/m
工况 1	1	9	1	1.5

续上表

工况	开挖层数/层	开挖深度/m	支撑道数/道	架撑高度/m
工况 2	2	13	2	7.5
工况 3	3	16	3	11.7
工况 4	4	21	4	15
工况 5	5	24	5	19
工况 6	6	28	6	22.5
工况 7	7	32	7	26
工况 8	8	36	8	30.3

2.4 基于进化神经网络土体参数反演

2.4.1 现场监测信息选取

为了确保基坑开挖过程中的稳定性,分别布置了地下连续墙顶部和深部水平位移监测点、地下连续墙竖向位移监测点、地表沉降监测点、格构柱顶部位移监测点和支撑轴力监测点等,并对整个开挖过程进行持续监测。在本次反演分析中选择对基坑稳定性和周边环境影响较为重要的,地下连续墙深层水平位移、地表沉降和支撑轴力三个监测项目进行土体参数反演。分别选择三个监测项目不同监测点位置和工况下的监测数据,见图 2-15 和表 2-3 所示。

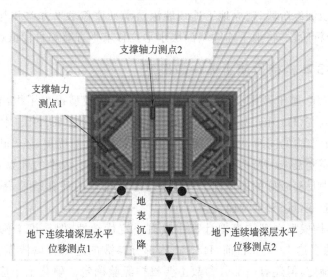

图 2-15 监测点布置图

表 2-3   参数智能反分析现场监测数据选取

监测项目	监测点	开挖深度/m	开挖分层/层	实测值	编号
地下连续墙深层水平位移最大值/mm	测点 1	16	3	27.59	①
		24	4	35.06	②
		32	7	39.73	③
	测点 2	16	3	30.02	④
		24	5	41.66	⑤
		32	7	47.17	⑥
地表沉降最大值/mm	—	21	4	7.01	⑦
		27	6	7.93	⑧
支撑轴力/kN	测点 1	24	5	1 064.44	⑨
	测点 2	24	5	1 248.39	⑩

由表 2-3 可知,工作井南侧地连墙深层水平位移测点 1 开挖 3 层、5 层和 7 层最大位移值,地下连续墙深层水平位移测点 2 开挖 3 层、5 层和 7 层最大位移值;工作井南侧地表沉降监测点开挖 4 层和 6 层距离挡墙 18 m 处的沉降值;基坑开挖至 5 层时第 2 层钢支撑斜撑测点 1 处和第 3 层钢支撑测点 2 处支撑轴力值。

地下连续墙变形为一空间形态,实测地下连续墙变形为一条曲线,目前在土体参数反演分析中,一般仅取某一点进行参数反演分析,这种反演分析方法难以反映实际地下连续墙变形特征。所以,为了获得与工程实际更相符的地下连续墙变形特征,在水平方向上选取了地下连续墙深层水平位移不同位置的 2 个测点;在竖直方向上 0~44 m 深度范围内,间距 2 m 取一个点与数值计算结果相应位置的地下连续墙深层水平位移求平方差和。在神经网络映射模型训练阶段,建立地下连续墙深层水平位移求平方差和与土体参数之间的映射关系;在反分析阶段,将地下连续墙深层水平位移求平方差和目标值设置为 0。

2.4.2   HSS 本构待反演土体参数确定

Benz 在 2006 年,基于硬化土(Hardending Soil)本构模型提出了提出能够反应小应变刚度的硬化土小应变(Hardening Soil Small Strain)本构模型,即 HSS 本构模型。HSS 本构不仅继承了 HS 本构的同时,既考虑剪切硬化和压缩硬化的优点,还考虑了剪切模量在微小应变范围内随应变衰减的行为。因此,HSS 本构在基坑工程中的计算结果更为合理,在土体的计算分析中具有较好的适用性。所以为了获得准确的计算结果,基坑数值模拟分析中采用硬化土小应变(HSS)本构模型。

虽然 HSS 本构模型在基坑模拟计算中具有一定优越性,但是该本构参数复杂且数量多,HSS 本构参数多达 13 个。目前,HSS 本构部分参数的选取可以依靠室内试验,现场原位试验的方法来确定,但还有一部分参数主要根据经验确定。硬化土小应变(HSS)本构模型的主要参数以及确定方法,见表 2-4。

通过表 2-4 可以看出 HSS 本构 13 个参数中,c'、φ'、μ、K_0、ψ 和 P^{ref} 取值方法比较成熟,

一般可以通过传统试验方法或成熟的经验取值方法确定参数。剩下的E_{50}^{ref}、E_{oed}^{ref}、E_{ur}^{ref}、m、R_f、G_0^{ref}和$\gamma_{0.7}$这 7 个参数主要根据经验进行取值。根据王卫东和刘蓉等人对上述参数与基坑地下连续墙深层水平位移和地表沉降等因素的敏感性分析发现，小应变参数G_0^{ref}和$\gamma_{0.7}$对地下连续墙深层水平位移和地表沉降起主要影响作用，是 HSS 模型的两个重要参数，其余参数影响相对较小。为了获得准确的数值计算结果，本书选择G_0^{ref}和$\gamma_{0.7}$两个未知参数对济南黄河隧道南岸基坑工程区域土体参数反分析。

表 2-4　HSS 本构模型参数

参数符号	参数物理意义	参数确定方法
c'	有效黏聚力	地勘报告、室内试验
φ'	有效内摩擦角	地勘报告、室内试验
E_{50}^{ref}	主加载参考割线模量	三轴固结排水剪切试验的参考割线模量，一般 $E_{50}^{ref} \approx E_{oed}^{ref} = E_{s1-2}$
E_{oed}^{ref}	固结试验的参考切线模量	固结试验 $E_{50}^{ref} \approx E_{oed}^{ref}$
E_{ur}^{ref}	卸荷再加载参考模量	三轴固结排水卸载再加载试验的参考卸载再加载模量，一般 $E_{ur}^{ref} = 4E_{50}^{ref}$
m	幂指数	与模量应力水平相关的幂指数，黏性土一般 0.5～1
μ	泊松比	
K_0	静止侧压力系数	正常固结条件下的静止侧压力系数，$K_0 = 1 - \sin \varphi'$
ψ	剪胀角	黏性土一般取 0
R_f	破坏比	一般默认取值为 0.9
P^{ref}	参考应力	一般取 100 kPa
G_0^{ref}	初始剪切模量	小应变刚度试验的参考剪切模量
$\gamma_{0.7}$	阈值剪应变	当割线剪切模量衰减为 0.7 倍的初始剪切模量 G_0 对应的剪应变

考虑到受待反演参数数量的限制，同时为了确保数值计算结果的准确性，结合表 2-1 和图 2-9 将地表至埋深 40 m 深度范围内粉质黏土层进一步划分为 2 个分层，其中 0～25 m 深度范围内主要为粉质黏土，其力学性质相近，划分为土层 1；25～40 m 深度范围内粉质黏土受钙质结核影响与土层 1 参数略有不同，将其划分为土层 2；40 m 以下主要为全风化状的辉长岩，将其划分为岩石层。地层简化划分，如图 2-16 所示。

数值计算中 HSS 本构参数：c'、

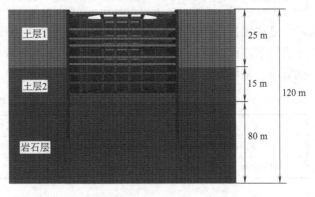

图 2-16　数值计算土体分层图

φ'、γ、E_{50}^{ref}、$E_{\text{oed}}^{\text{ref}}$、$E_{\text{ur}}^{\text{ref}}$参考地勘报告推荐值取值(表 2-1),根据前人关于 E_{50}^{ref}、$E_{\text{oed}}^{\text{ref}}$ 和 $E_{\text{ur}}^{\text{ref}}$ 的取值经验,一般 $E_{\text{oed}}^{\text{ref}} = E_{s1\text{-}2}$,$E_{50}^{\text{ref}} = (1\sim2)E_{\text{oed}}^{\text{ref}}$,$E_{\text{ur}}^{\text{ref}} = (3\sim5)E_{50}^{\text{ref}}$。剩余土体物理力学参数取默认值或者参考类似粉质黏土工程案例进行取值。岩石层主要为风化辉长岩,根据宋彬斌对济南风化辉长岩物理力学性质的研究发现,根据其风化程度的不同风化辉长岩呈现出砂土或碎石土特征,由于其原岩的结构存在,无扰动情况下工程效果较好。岩石层 E_{50}^{ref}、$E_{\text{oed}}^{\text{ref}}$ 和 $E_{\text{ur}}^{\text{ref}}$ 的参数取值参考砂土参数取值。静止侧压力系数取默认值,$K_0 = 1 - \sin\varphi'$。HSS 模型部分土体物理力学参数取值见表 2-5。

表 2-5　HSS 本构模型土体物理力学参数表

类别	c'/kPa	φ'/(°)	φ/(°)	μ	m	层厚/m
土层 1	20	15	0	0.2	0.65	0~25
土层 2	30	17	0	0.2	0.65	25~40
岩石层	40	30	5	0.2	0.5	40~120
类别	E_{50}^{ref}/MPa	$E_{\text{oed}}^{\text{ref}}$/MPa	$E_{\text{ur}}^{\text{ref}}$/MPa	P^{ref}/kPa	γ/(kN·m⁻³)	层厚/m
土层 1	6.11	4.95	30.55	100	19	0~25
土层 2	8.81	6.84	35.24	100	19	25~40
岩石层	60	60	180	100	25	40~120

对各个分层分别取 G_0^{ref} 和 $\gamma_{0.7}$ 两个参数,进行济南黄河南岸基坑土体参数反演分析,共计 6 个待反演参数。参考相关粉质黏土参数取值,一般 $G_0^{\text{ref}} = (1\sim2)E_{\text{ur}}^{\text{ref}}$,$\gamma_{0.7} = (1.5\sim3.5)\times10^{-4}$。各分层参数取值范围见表 2-6。

表 2-6　待反演参数取值范围

待反演参数	土层 1		土层 2		岩石层	
	$G_0^{\text{ref}}\_1$/MPa	$\gamma_{0.7}\_1$/10^{-4}	$G_0^{\text{ref}}\_2$/MPa	$\gamma_{0.7}\_2$/10^{-4}	$G_0^{\text{ref}}\_3$/MPa	$\gamma_{0.7}\_3$/10^{-4}
取值范围	31~60	1.5~3.5	36~70	1.5~3.5	180~360	1.5~3.5

基坑围护结构采用弹性本构模型。支挡结构物理力学参数取值参考相关标准取值,考虑到地下连续墙施工环境的复杂性,以及地下连续墙的分幅连接对构件抵抗变形能力的弱化效应。基坑支挡结构物理力学参数见表 2-7。

表 2-7　围护结构物理力学参数表

类　别	体积模量 K/GPa	剪切模量 G/GPa	容重 γ/(kN·m⁻³)
钢结构	133.33	61.54	75
钢筋混凝土结构	12.22	9.16	25

2.4.3　土体参数反演计算

分别考虑到正交试验设计"均匀分散、整齐可比"和均匀设计法的"均匀散布"的特点。

根据表 2-6 各土层待反演参数的取值范围,通过正交设计构建样本 50 组,作为神经网络的训练样本集;采用均匀设计构建样本 8 组,作为神经网络的测试样本集,共计 58 个计算样本。

在反演分析计算中利用进化神经网络系统软件,运行次数设置为 20 次以保证结果的可靠性。首先根据训练样本设置恰当的遗传算法网络结构参数和遗传算法神经网络的约束条件、控制参数和属性参数,进行适应值计算。然后,导入训练样本进行神经网络控制参数、属性参数设置,执行进化神经网络的优化。选择遗传算法搜索获得最优 BP 神经网络结构,隐含层数 2 层,各层单元数:10—21—25—6。经过多次训练后学习平方差 0.16,预测平方差 2.72。测试样本结果,如图 2-17 所示。可以看到得到神经网络模型映射关系较好,除了个别点预测值与目标值差别较大外,基本可以准确地预测土体参数值。

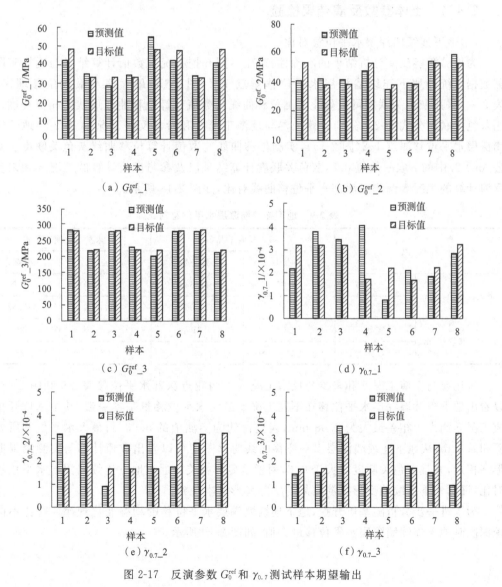

（a）$G_0^{\mathrm{ref}}\_1$ 　　　　　　（b）$G_0^{\mathrm{ref}}\_2$

（c）$G_0^{\mathrm{ref}}\_3$ 　　　　　　（d）$\gamma_{0.7}\_1$

（e）$\gamma_{0.7}\_2$ 　　　　　　（f）$\gamma_{0.7}\_3$

图 2-17 反演参数 G_0^{ref} 和 $\gamma_{0.7}$ 测试样本期望输出

利用得到的最优神经网络映射模型,输入现场实测结果(表 2-3),工作井南侧地表沉降监测点开挖四层沉降值 7.01 mm 和开挖六层沉降值 7.93 mm;基坑开挖至五层时第二层钢支撑斜撑测点 1 处轴力值 1 064.44 kN 和第三层钢支撑测点 2 处支撑轴力值 1 248.39 kN;地下连续墙深层水平位移平方差和取 0。对其进行反分析,得到各土层 G_0^{ref} 和 $\gamma_{0.7}$ 参数值,见表 2-8。

表 2-8　反演得到的土体参数值

参数	$G_0^{ref}\_1/MPa$	$\gamma_{0.7}\_1/10^{-4}$	$G_0^{ref}\_2/MPa$	$\gamma_{0.7}\_2/10^{-4}$	$G_0^{ref}\_3/MPa$	$\gamma_{0.7}\_3/10^{-4}$
结果	32.5	2.06	45	2.34	272	2.69

2.4.4　土体参数反演结果检验

(1)地下连续墙深层水平位移对比

为检验智能反演分析结果的准确性,对比不同开挖工况下数值计算结果与现场实际监测数据。统计地下连续墙深层水平位移测点 1、2(图 2-15)最大值和最大位移埋深,见表 2-9。采用灰色关联度可以量化实测位移曲线与数值计算位移曲线形状的相似程度。利用灰色关联度公式(2-2),分别计算未参与反演工况 8 和参与反演工况 5(表 2-2)地下连续墙深层水平位移测点 1、2(图 2-15),实测位移曲线与数值计算位移曲线灰色关联度。其中公式(2-2)中的 ρ 取一般值 0.5,灰色关联度计算结果以及参与反演计算的工况 5 和未参与反演计算的工况 8 两测点深部水平位移曲线对比,如图 2-18 所示。

表 2-9　地下连续墙深层水平位移对比

测　点		参与反演工况 5		未参与反演工况 8	
		测点 1	测点 2	测点 1	测点 2
最大位移值/mm	实测	35.06	41.66	40.42	47.96
	计算	32.98	40.06	38.97	47.53
最大位移埋深/m	实测	22	21	26	26
	计算	22	22	27	27

对比参与反演工况 5 和未参与反演工况 8 下两测点深部水平位移表 2-9 和图 2-18,可以看出地下连续墙深层水平位移在不同工况下最大水平位移量基本一致,其中基坑开挖完成工况 5 测点 1 相差最大为 2.08 mm,误差值约为实测值的 5.93%;最大水平位移所处埋深相差 1 m,从地下连续墙深层水平位移曲线对比图中可以看出数值计算与实测结果曲线形态相近,并且灰色关联度均大于 0.6,两者呈显著相关。通过地下连续墙深层水平位移的对比,证明地下连续墙变形反演结果与实际变形基本一致。

为了进一步分析随基坑开挖,地下连续墙深层水平位移的动态变化规律。对比不同开挖深度时地下连续墙深层水平位移最大值,如图 2-19 所示。

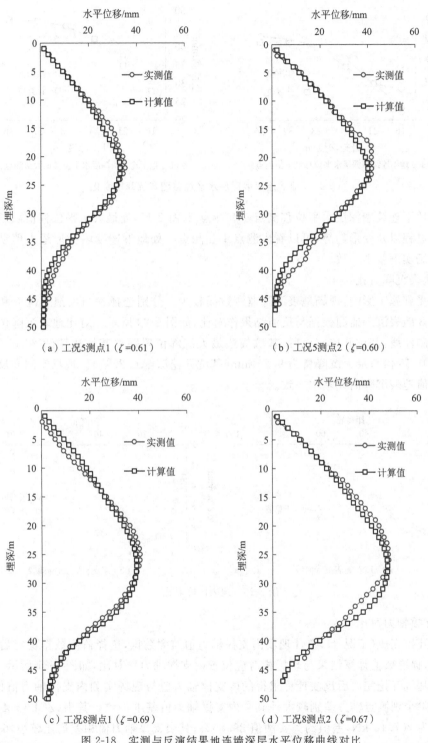

图 2-18 实测与反演结果地连墙深层水平位移曲线对比

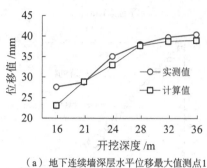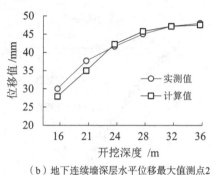

（a）地下连续墙深层水平位移最大值测点1   （b）地下连续墙深层水平位移最大值测点2

图 2-19   地下连续墙深层水平位移随基坑开挖变化

对比地下连续墙深层水平位移测点 1 和测点 2（图 2-15）处最大水平位移值随基坑开挖动态变化过程以及变形趋势，可以看出测点 1 和测点 2 处地下连续墙变形最大值动态变化规律与现场实测基本一致。

（2）地表沉降对比

由于受到施工影响，现场地表沉降监测数据较少。分别选择参与反演工况 6 和未参数反演工况 8 地表沉降监测数据与反演结果作对比，如图 2-20 所示。对比地表沉降位移反演结果与实测曲线，基坑开挖完成后，基坑周边最大沉降位置距离基坑边墙约 20 m 处（基坑开挖深度 0.56 倍）；最大沉降量为 9.25 mm（基坑开挖深度 0.25‰）。现场实测和反演结果数值计算值地表沉降曲线基本一致。

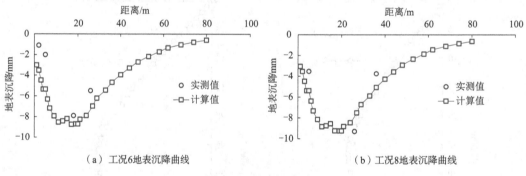

（a）工况6地表沉降曲线   （b）工况8地表沉降曲线

图 2-20   地表沉降对比

（3）支撑轴力对比

基坑开挖完成（工况 8），统计现场内支撑轴力值监测数据，选择监测数据稳定后的内支撑轴力值，提取数值计算结果与现场相对应位置内支撑轴力作对比，如图 2-21 所示。

提取基坑开挖完成后反演计算求得的内支撑轴力值与现场实测内支撑轴力值作对比，可以看出除个别测点轴力差别较大外其余内支撑轴力值基本一致。其中，ZCL3－4 轴力值相差最大为 267.16 kN，差值约为实测值 29.86%；其余支撑轴力值相差均比较小，6 个测点平均轴力值相差 109.11 kN，平均差值约为平均实测值 9.46%。通过不同点位实测和反演内支撑轴力的对比，可以进一步说明了反演结果的准确性。

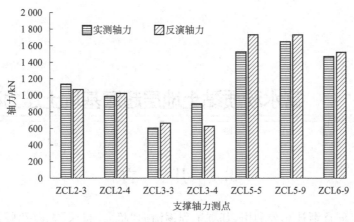

图 2-21　工况 8 内支撑轴力

2.5　本章小结

本章分别分析了 HS 本构模型和 HSS 本构模型的参数敏感性,并对各个参数取值方法进行了总结。利用现场监测数据选择→待反演土体参数分析→进化神经网络系统反分析→反演结果检验这一系统土体参数反分析方法,对济南黄河隧道南岸基坑工程土体参数进行了反演分析,获得具体结论如下:

(1)总结了 HSS 本构模型各个参数取值方法和经验取值公式,其中涉及小应变的两个参数 G_0^{ref} 和 $\gamma_{0.7}$ 对基坑计算结果影响较大且取值较困难,建议采用反演方法确定其取值。

(2)采用监测数据选择→待反演土体参数分析→进化神经网络系统反分析→反演结果检验这一系统土体参数反分析方法,可以获得较为准确的土体计算参数,反演结果与实测数据有较高的数据关联度。

(3)通过对 HS 本构模型参数敏感性分析发现,基坑开挖后影响地连墙水平位移与地表沉降敏感度相对较大的参数有:弹性模量指数、内摩擦角、卸载刚度、黏聚力。

3 富水粉质黏土地层超深基坑土压力确定方法

3.1 引　言

随着地下空间逐渐被充分利用,基坑工程逐渐向"超大、超深"方向发展,涉及的土压力和支挡结构的变形问题也越来越复杂。根据现阶段相关设计规范《建筑基坑支护技术规程》(JGJ 120—2012)[31],在设计中一般将基坑简化为二维平面应变问题,分析外部荷载,设计支挡结构并验算。然而在实际工程中,基坑往往受到不同程度的土拱效应影响,采用二维平面应变问题得到的土压力与实际情况具有一定差距。

土拱效应是由于相邻土体之间的相对运动而引起的应力重分布现象,通过土体中滑动部分与静止部分两者交界处产生的剪应力,滑裂土体将部分应力传递至周围相对稳定土体[32]。由于受土拱效应影响,移动部分的土体沿移动方向应力会减小,而移动部分外的同方向应力值会增大[33]。当基坑开挖长度与深度接近时,基坑支挡结构受土拱效应影响呈现复杂的三维空间特点,对土压力进行三维分析,得出的结果更符合实际[34]。

Terazaghi[32]应用 Trap Door 试验证明了卸荷拱的普遍存在性,但是并没有给出土拱成型的形状。土拱的大小和形状已有很多学者开展了大量研究,目前拟合卸荷拱形状时采用的曲线主要有半圆曲线[35]、悬链线[36]、抛物线[37]、半椭圆曲线[38]等[39,40]。陈强[35]基于室内模型试验研究了采用不同曲线拟合土拱迹线的效果,但是没有通过理论公式确定土拱迹线方程。

空间效应的本质是基坑围护结构外侧土体中的土拱效应对支挡结构正应力和变形等特性的影响[41],通过分析土拱效应特征和滑裂土体形态有助于开展基坑空间效应的研究。现场监测数据和数值计算分析结果都证实了基坑开挖后空间效应的存在[3,42],俞建霖等[3]分析了基坑长宽比与空间效应之间的关系,Ou 等[43,44]提出平面应变比(PSR)的概念,认为通过基坑长深比分析基坑空间效应效果更好。目前,根据经验及数值模拟研究,一般认为基坑长深比为 5~6 倍时,基坑受土拱效应影响较小,空间效应主要存在于基坑两端[45,46]。

本章基于经典土压力计算理论和自然平衡拱任意点的力矩为 0,推导了土拱迹线方程,揭示了基坑土拱效应影响范围与基坑长深比之间的关系,讨论了小长宽比超深基坑不同滑裂角和开挖深度下滑裂土体的破坏形状,推导了基坑滑裂土体在极限平衡状态下作用在支挡结构的主动土压力计算公式。

3.2　围护结构土荷载空间分布和演化现场试验

目前的基坑工程支护结构设计中,在计算土压力时无论是常规设计方法还是弹性抗力法,仍然采用的是基于滑动楔体法提出的库仑(Coulomb)土压力理论和 Rankine 基于极限应力法提出的朗肯土压力理论,朗肯土压力理论、库仑土压力理论被称作经典土压力计算方法。经典土压力计算方法具有概念明确、计算简单等优点,因而至今仍被广泛应用,但是应用经典土压力理论进行计算存在以下问题:

(1)经典土压力理论针对的挡土墙问题是平面问题,因此它主要适用于浅基坑,而深基坑开挖支护问题实际上是三维空间问题。

(2)经典土压力理论由于是基于极限状态下土压力问题的简化,因此要求基坑支护结构要有一定的位移量,这在实际工程中显然是难以接受的。

(3)经典土压力理论并没有考虑土的黏聚力和超固结土强度提升等问题,因此,按经典土压力理论计算得出的结果往往主动土压力偏小,被动土压力偏大。

(4)挡墙外侧的侧压力除了土压力外还存在水压力。计算时有两种处理方法,一种是分算,即分别计算主动土压力和水压力;另一种称为水土合算,用饱和容重计算土压力,不再另计水压力。而实际工程地质环境复杂,采用这两种计算方法显然与实际有较大差别。

(5)实际工程中支护结构的结构、墙后土的性质、施工次序、变形的发生和上中应力路径等都与经典土压力理论前提假定有很大的差异。

此外,Terzaghi 利用物理模型试验,证明了一定强度的材料,只要内部出现不均匀变形并且局部地区存在阻挠作用,即会形成土拱,土拱的存在能显著降低支护结构主动土压力。超深基坑的设计中,正确合理的确定土压力直接关系到整个支护体系的安全稳定,而且对成本控制起到很好的作用。然而,现行的朗肯土压力和库仑土压力并没有考虑土拱效应。

考虑到上述经典土压力计算理论的局限性,结合现场土压力试验的方式,研究了实际土压力随基坑施工的动态变化过程,以弥补经典土压力计算理论的不足,为超深基坑设计提供实际数据和参考。

3.2.1 土压力试验现场实验方法

土压力盒安装在土体未开挖时期,能够记录未开挖时的初始压力,本次监测共布置 5 个监测点,位于基坑中间东侧,分别布置在明挖二段的 13 结构段、14 结构段、15 结构段、16 结构段,布置在基坑异形段,与地下连续墙的距离为 30 cm,钻孔深度 40 m,埋深为 5~40 m,每个监测点布置 14 个土压力盒,共 70 个土压力盒,能够全面反映地下土压力由于土体开挖发生的变化。具体布置位置如图 3-1 所示。

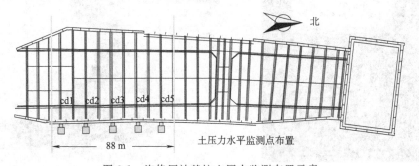

图 3-1 汽修厂站基坑土压力监测布置示意

土压力盒沿支撑布置,焊接两根 $\phi16$ mm 钢筋成梯子形,将 40 m 分成四段,分段进行安装,安装过程中,每段之间焊接形成整体。安装完成后采用粗砂回填,具体监测的布置方法和监测布置方式如图 3-2 和图 3-3 所示。

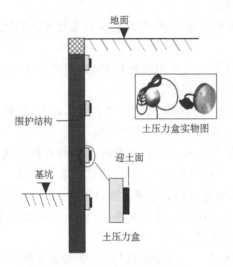
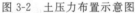

图 3-2 土压力布置示意图   图 3-3 土压力现场安装图

3.2.2 监测方法

基坑在开挖过程中,土压力处于不断变化的状态,土压力的大小将直接影响围护结构的变形与稳定,是控制基坑变形的重要监测手段之一,监测从土体开挖初期开始,到基坑底板浇筑完成截止。采用 SCJM 振弦测试仪,监测频率为 1 次/天,记录土压力的变化情况并绘制土压力变化曲线。通过对合建段基坑异形段土压力的长期监测数据分析,总结土压力随施工过程动态变化规律,分析实际土压力分布状态,以及开挖和架设支撑对土压力带来的影响。具体监测仪器和现场监测情况如图 3-4 和图 3-5 所示。

图 3-4 SCJM 振弦测试仪   图 3-5 SCJM 振弦测试仪现场监测

3.3 考虑土拱效应的主动土压力

考虑土拱效应的主动土压力理论是基于经典土压力计算理论和自然平衡理论推导,该理论的基本假定如下:

(1)挡土墙后土体为无限远;

(2)土体为各向同性、均质体,地表水平;

(3)滑裂面为刚性斜切面且不变形;

(4)挡土墙为刚性墙体,不考虑墙体自身变形。

3.3.1 土拱迹线方程

当基坑有较小的长宽比且开挖深度较大时,开挖后土体受到基坑两端的约束作用,基坑变形形态呈"两端小,中间大"的空间效应特征。基坑开挖完成后,基坑围护结构后的滑裂土体位移变形,会形成一个自然平衡拱。绵阳市某基坑事故现场如图 3-6 所示[41]。自然平衡拱任意横截面上只有轴向压力,无剪切应力和弯矩。自然平衡拱上任取一点 $M(x,y)$,如图 3-7 所示。

图 3-6 绵阳市某基坑事故现场

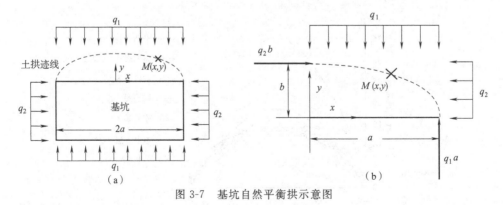

图 3-7 基坑自然平衡拱示意图

根据 $\sum M = 0$ 可以得到:

$$q_2 b(b-y) - q_1 a(q-x) + \frac{1}{2}q_1(a-x)^2 - \frac{1}{2}q_1 x^2 + \frac{1}{2}q_2 y^2 - \frac{1}{2}q_2(b-y)^2 = 0$$

$$(3\text{-}1)$$

整理可得自然平衡拱 x 和 y 方向长度关系式：

$$\frac{q_1}{b^2} = \frac{q_2}{a^2}$$

$$(3\text{-}2)$$

根据基坑开挖后应力变化,在 y 轴水平方向上应力受基坑开挖扰动影响,作用在自然拱上的土压力可以视为朗肯主动土压力,q_1 可以根据朗肯土压力理论式(3-3)确定,黏性土朗肯主动土压力计算公式,地表下方一段埋深水平土压力值会出现负值,与现实不符。基于黏性土朗肯主动土压力推导的土拱迹线方程,计算出的土拱拱高将趋近于无穷小不符合实际。根据陈强[35]室内土拱试验研究表明,黏聚力与土拱形态之间无明显规律。所以,在土拱迹线方程推导中没有考虑黏聚力的影响;在 x 轴方向上,作用在自然拱上的土压力可以视为静止土压力,q_2 可由静止土压力理论式(3-4)确定：

$$q_1 = q \tan^2(45° - \varphi/2)$$

$$(3\text{-}3)$$

$$q_2 = q(1 - \sin\varphi)$$

$$(3\text{-}4)$$

式中,$q = \gamma h$,γ 为土体容重,h 为深度;φ 为土体内摩擦角。

将式(3-3)和式(3-4)代入式(3-2),可进一步得到土拱拱高 b 与半拱拱跨 a 之间的关系式：

$$b = \sqrt{\frac{\tan^2\left(45° - \dfrac{\varphi}{2}\right)}{1 - \sin\varphi}}\,a$$

$$(3\text{-}5)$$

假设平衡拱的数学模型为半椭圆形[35],如图 3-8 所示。土拱迹线的与内摩擦角 φ 之间的关系式为

$$y = \sqrt{\left(1 - \frac{x^2}{a^2}\right)\frac{a^2 \tan^2\left(45° - \dfrac{\varphi}{2}\right)}{1 - \sin\varphi}}$$

$$(3\text{-}6)$$

以基坑挡墙长度为 40 m,土体内摩擦角 φ 为 30°的工况为例。此时,半拱拱跨 $a=$ 20 m,根据式(3-5)可以求得拱高 $b=13.3$ m。结合平衡拱计算公式,绘制既有不同方法的土拱迹线形状[37,47],如图 3-8 所示。

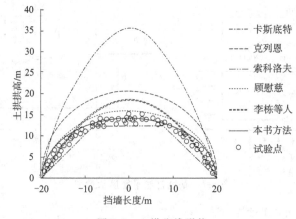

图 3-8   土拱迹线形状

结合土拱形状与本方法进行对比（图 3-9），可知索科洛夫和顾慰慈[37,47]提出的曲线以及本计算方法均与实验点相近，但是索科洛夫采用的土拱形状并非曲线，顾慰慈[47]提出的计算公式为半解析解。并且，本节推导的土拱迹线形状更能够契合实际试验结果。

（a）广西南宁东葛路某基坑　　　　　　　　（b）杭州地铁湘湖站基坑

图 3-9　基坑事故坍塌类型

3.3.2　滑裂土体形态

结合基坑工程施工现场滑裂土体破坏形态（图 3-9），按照不同的基坑开挖深度、土体内摩擦角和基坑长度，可以将基坑的土拱特征简化为整体受土拱效应影响和基坑端部受土拱效应影响两种情况，如图 3-10 所示。当基坑开挖长度 AB 不大于基坑开挖后形成的土拱极限拱跨时［图 3-10（a）$AB \leqslant 2a$］，由于基坑受端部效应影响显著，不适宜简化为二维平面应变形式进行分析；当基坑开挖长度 AB 大于基坑开挖后形成的土拱极限拱跨时［图 3-10（b）$AB > 2a$］，受土拱效应影响的范围主要在基坑两端 a 长度范围内。

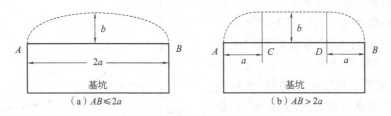

（a）$AB \leqslant 2a$　　　　　　　　　　（b）$AB > 2a$

图 3-10　基坑受土拱效应影响范围

基坑开挖后，围护墙体后土体滑裂面的形状是一个重要问题，不同学者根据观察到的实际滑裂面的形状，将滑裂面假设为直线形、折线形、抛物线形、螺旋线形等[48]，在经典土压力计算理论[28]中假设滑裂面为一条直线，杨明辉等[49]、王奎华等[50]在前人研究的基础上基于变分学方法推导了土体滑裂面对数螺旋线曲线方程，即

$$r = r_0 \exp[(\theta - \theta_0)\tan\varphi] \tag{3-7}$$

式中，r_0 和 θ_0 为待定常数；φ 土体内摩擦角。

结合图 3-11 进一步分析滑裂面曲线与基坑开挖深度之间的关系式：

$$r_0 \{\exp[(\theta_B - \theta_0)\tan\varphi]\sin\theta_B - \sin\theta_0\} = H \tag{3-8}$$

对式(3-8)进行简单公式变换可以得到 AC 的长度，即

$$AC = r_0 \{\cos\theta_0 - \exp[(\theta_B - \theta_0)\tan\varphi]\cos\theta_B\} \tag{3-9}$$

土体滑裂面对数螺旋线曲线式(3-7)是基于不考虑基坑土拱效应，在平面应变模式下得到的，该方程主要适用于不受土拱效应影响的 CD 段。由于长深比较大的基坑中间区域不受土拱效应影响，分析过程中可以将其简化为二维平面应变问题进行考虑。考虑到基坑受土拱效应影响后滑裂土体体积会减小，所以此时图 3-11 中的 AC 长度可以视为基坑能够形成的最大土拱高度，即图 3-7 中的土拱拱高 b。将式(3-9)代入式(3-5)中整理可以得到基坑形成压力拱的极限拱跨距离，式(3-10)为极限拱跨一半的长度与基坑开挖深度和土体内摩擦角之间的关系式：

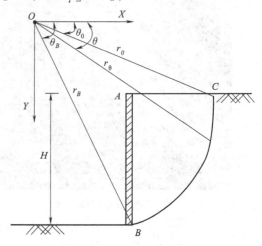

图 3-11   对数螺旋线滑裂面[50]

$$a = \frac{r_0\{\cos\theta_0 - \exp[(\theta_B - \theta_0)\tan\varphi]\cos\theta_B\}}{\sqrt{\tan^2\left(45° - \dfrac{\varphi}{2}\right)/(1 - \sin\varphi)}} \tag{3-10}$$

基坑开挖后土拱效应的影响范围一直是国内外学者研究的重点，杨雪强等[46]认为挡土墙长深比 $B/H \geqslant 5$ 时基坑端部效应不明显；俞建霖等[3,51,52]通过三维有限元分析，研究了基坑中间剖面主动土压力与基坑长宽比以及开挖深度之间的关系；Finno 等[45]通过大量有限元模拟研究，认为当基坑的开挖长度为开挖深度的 6 倍时，基坑可以不考虑空间效应影响，作为平面应变理论进行分析。

取土体内摩擦角为 $30°$，研究随基坑长深比变化的土拱效应对基坑的影响范围 $\eta = 2a/AB$，如图 3-12 所示。当基坑的开挖长度为基坑开挖深度的 6 倍时，土拱效应的影响范围为基坑总长度的 11.67%，影响范围较小可作为平面问题分析。由上可知，本节的理论分析结果与上述学者经验总结及数值分析得出的结论基本一致。

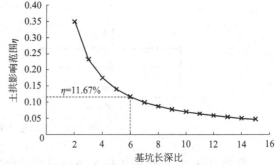

图 3-12   土拱影响范围与基坑长深比关系

3.3.3   滑裂土体体积

王奎华等[82]推导的土体滑裂面为对数螺旋线曲线方程，是基于二维平面应变问题进行考虑的。在短墙情况下，即根据上述极限平衡状态下滑裂土体土拱迹线方程可知，当基坑

开挖长度 AB 不大于土拱极限拱跨 $2a$ 时,挡土墙后土体会形成无数卸荷拱。这些卸荷拱的形状和尺寸自地表向下 H_1 深度范围内[图 3-13(a)]是相同的[47],下方 H_2 滑裂面形状为曲面,如图 3-13(a)所示。为了计算方便,将其近似为一平面[图 3-13(b)]。

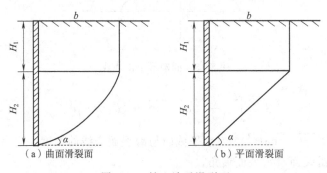

（a）曲面滑裂面　　　　　（b）平面滑裂面

图 3-13　挡土墙后滑裂面

滑裂土体简化后可以看成由一个土拱破裂面和平面滑裂面构成。平面滑裂面可以由朗肯破裂角所在平面确定,根据塑性极限破坏理论,滑裂面与水平面之间夹角 $\alpha = 45° + \varphi/2$。根据基坑土拱迹线、开挖深度和滑裂面角度不同,滑裂土体的形状可以分成以下三种:(1)当开挖深度 $H < b\tan\alpha$ 时,滑裂面与土拱破裂面相切,如图 3-14(a)所示;(2)当开挖深度 $H = b\tan\alpha$ 时,滑裂面与土拱破裂面相交,如图 3-14(b)所示;(3)当开挖深度 $H > b\tan\alpha$ 时,滑裂面与土拱破裂面没有公共点,如图 3-14(c)所示。本节主要研究第三种滑裂土体形态,结合第三种情况图 3-14(c)对滑裂土体体积进行具体分析。

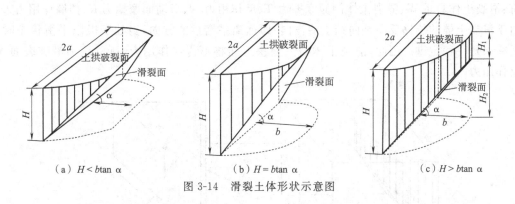

（a）$H < b\tan\alpha$　　　　（b）$H = b\tan\alpha$　　　　（c）$H > b\tan\alpha$

图 3-14　滑裂土体形状示意图

由图 3-14(c)可以看出滑裂土体体积可以视为半椭圆柱体减去滑裂面下方土体体积,其中,半椭圆柱体体积可以根据式(3-11)求得。

$$V_{椭圆} = \frac{1}{2}\pi abH \tag{3-11}$$

在滑裂面下方土体任一水平位置取水平截面,其面积如图 3-15 所示。根据椭圆方程其面积按照积分可求得

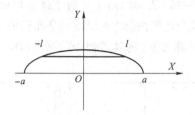

图 3-15　椭圆形土拱迹线

$$S = \int_{-l}^{l} \left(\frac{b}{a} \sqrt{a^2 - x^2} - H' \cot \alpha \right) \mathrm{d}x \tag{3-12}$$

式中，$l = a/b \cdot \sqrt{b^2 - (\cot \alpha H')^2}$ 为水平截面与滑裂面交线的长度；H' 为水平截面距基坑坑底的高度；α 为滑裂面与水平面夹角。

根据面积积分方程，进一步积分可以求得滑裂面下方土体体积方程，即

$$V_{\mathrm{下}} = \int_0^{H_2} \left[\int_{-l}^{l} \left(\frac{b}{a} \sqrt{a^2 - x^2} - H' \cot \alpha \right) \mathrm{d}x \right] \mathrm{d}H' \tag{3-13}$$

半椭圆柱体减去滑裂面下方土体体积，可以得到滑裂土体体积方程，即

$$V = \frac{1}{2} \pi ab H - \int_0^{H_2} \left[\int_{-l}^{l} \left(\frac{b}{a} \sqrt{a^2 - x^2} - H' \cot \alpha \right) \mathrm{d}x \right] \mathrm{d}H' \tag{3-14}$$

3.3.4　主动土压力平衡方程

当基坑处于极限平衡状态时，对滑裂土体进行受力分析，如图 3-16 所示。考虑的应力有：滑裂土体自重 W、滑裂土体侧面摩擦力 T、反作用力 N、滑动面摩擦力 R、挡墙作用力 E。由于滑裂土体的位移反向是向挡土墙方向，即远离平衡拱的方向，当处于极限平衡状态时，平衡拱是一稳定拱。因此，滑裂土体与平衡拱之间将不传递作用力，所以认为沿破裂面无反作用力。

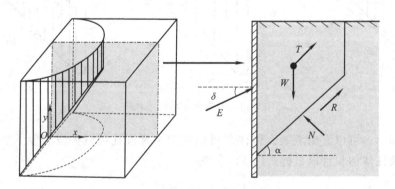

图 3-16　滑裂土体平衡状态受力

（1）滑裂土体自重 W

将滑裂土体体积公式（3-14）代入 $W = \gamma V$，可求得滑裂土体自重：

$$W = \gamma \cdot \left\{ \frac{1}{2} \pi ab H - \int_0^{H_2} \left[\int_{-l}^{l} \left(\frac{b}{a} \sqrt{a^2 - x^2} - H' \cot \alpha \right) \mathrm{d}x \right] \mathrm{d}H' \right\} \tag{3-15}$$

（2）滑裂土体侧面摩擦力 T

滑裂土体两个侧面向图 3-16 平面 xoy 投影，使用图 3-17 中的投影面积计算作用在滑裂土体两个侧面的摩擦力。首先，根据滑裂土体投影形状划分 H_1 和 H_2 上下两部分，分别求得上下两部分侧向水平应力，见式（3-16）和式（3-17），求得滑裂土体侧面摩擦力 T，即

$$\bar{\sigma}_1 = \frac{1}{2} H_1 \gamma K_0 \tag{3-16}$$

$$\bar{\sigma}_2 = \left(H_1 \gamma + \frac{1}{3} H_2 \gamma \right) K_0 \tag{3-17}$$

式中，γ 为土体容重；$K_0 = 1 - \sin\varphi$，为静止侧向土压力系数。

$$T = 2 H_1 b (\bar{\sigma}_1 \tan\varphi + c) + H_2 b (\bar{\sigma}_2 \tan\varphi + c) \tag{3-18}$$

式中，φ 为土体内摩擦角；c 为土体黏聚力。

（3）反作用力 N

$$N = W\cos\alpha + E\cos\delta\sin\alpha \tag{3-19}$$

（4）滑动面摩擦力 R

$$R = N\tan\varphi + \frac{c S_{\text{滑动面}}}{\cos\alpha} \tag{3-20}$$

根据上述式子以及应力计算公式，可以推知滑裂土体在极限平衡状态下水平方向和竖直方向的平衡方程为

$$E_H = \frac{T\cos\alpha + R\cos\alpha + N\sin\alpha}{\cos\delta} \tag{3-21}$$

$$E_V = \frac{W + N\cos\alpha + R\sin\alpha + T\sin\alpha}{\sin\delta} \tag{3-22}$$

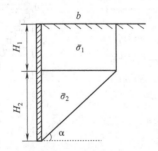

图 3-17　滑裂土体侧面投影

3.4　工作井基坑滑裂土体形态

分析工作井基坑开挖后土拱效应的影响范围及滑裂土体形态。工作井基坑长度 49.0 m，宽度 29.8 m，开挖深度约 35.4 m。根据《济南市济泺路穿黄隧道工程岩土工程勘察》本书取直剪试验各个分层土体内摩擦角 φ 均值 $\bar{\varphi} = 16°$，计算公式如下：

$$\bar{\varphi} = \sum (\varphi_1 h_1 + \varphi_2 h_2 + \cdots + \varphi_n h_n) / \sum (h_1 + h_2 + \cdots + h_n) \tag{3-23}$$

式中，$\bar{\varphi}$ 为土体平均内摩擦角；φ_n 为第 n 分层土体内摩擦角；h_n 为第 n 分层土体厚度。

将上述参数值代入式(3-9)和式(3-10)中，分别求得工作井基坑土拱拱高 $b=22.55$ m，土拱影响范围即土拱拱跨 $2a=50.94$ m。工作井最长开挖边长为 49 m，工作井基坑开挖后挡墙后的土体滑移、变形能够形成土压力拱。因此，在分析基坑开挖后挡土墙后土体状态时不宜采用王奎华等[50]提出的对数螺旋线曲线方程，应采用考虑工作井基坑宽度影响下的滑裂土体形状进行分析。

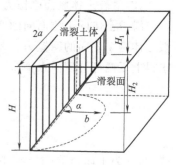

图 3-18   工作井基坑滑裂
土体形状示意图

工作井基坑长度 49 m，取土拱半拱长度 $a=24.5$ m，根据式(3-5)可以求得工作井开挖后土拱拱高 $b=21.69$ m；滑裂面与水平面之间夹角 $\alpha=45°+\varphi/2=53°$，可以得到滑裂面的高度 $b\tan\alpha=28.78$ m 小于基坑开挖深度 35.4 m。进而可以判断工作井基坑开挖后挡土墙后滑裂土体的形状为 $H<b\tan\alpha$，如图 3-18 所示。

3.5   土拱效应影响下土压力分布及动态演化规律

为了验证数值计算结果的准确性，选择现场土压力监测数据和理论公式及数值计算结果进行对比验证。由于盾构机由工作井北侧掘进，进入工作井基坑。因此，对工作井北侧进行了大量的土体加固，选择基坑南侧中间区域作为土压力测点，对比基坑开挖前和基坑开挖完成后土压力随深度分布，如图 3-19 所示。

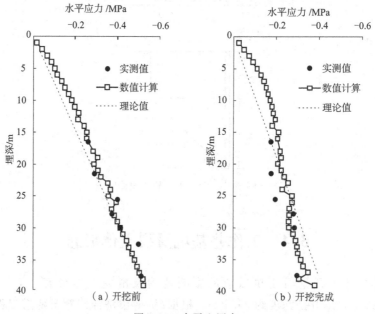

图 3-19   水平土压力

基坑开挖前静止土压力计算公式为：$\sigma=\gamma z(1-\sin\varphi)$；基坑开挖完成后主动土压力计算公式为朗肯主动土压力计算公式：$\sigma=\gamma z\tan^2(45°-\varphi/2)$。根据《济南市济泺路穿黄隧道工程岩土工程勘察报告》推荐值,基坑土体内摩擦角 φ 取 16°,计算公式为式(3-23),其中 $\gamma=$ 19 kN/m³。

通过图 3-19 中的现场土压力实测值、理论值和数值计算值对比,可以看出数值计算结果与现场实测结果相近,在基坑开挖完成后实测结果与理论计算结果有一定差别,这是由于朗肯主动土压力计算理论没有考虑挡土墙自身变形,实际工程中挡土墙变形呈柔性。基坑开挖 15 m 以内数值计算结果与实测土压力值变化基本一致,基坑开挖完成后 15 m 以上的水平土压力值与静止土压力基本相等。结合谭可源[53]提出的三维土拱模型,分析产生这种现象的主要原因可能是因为基坑竖向顶部和中间区域不均匀位移产生土拱效应,导致中间部分土压力转移至地下连续墙上部。

3.5.1 水平土压力动态演化规律

工作井基坑数值计算反演结果时,需提取工作井基坑拱脚位置测点 1 和压力拱中间位置测点 2(图 3-20)不同开挖深度、不同埋深处水平应力值随土体水平位移的变化规律,统计结果如图 3-21 所示。

通过图 3-21 可以看出,随着基坑开挖深度的增加测点 1(即土拱拱脚位置)土体会向坑内方向产生较小的位移,但水平土压力值会逐渐增大;测点 2 处位于土拱中间位置,随着基坑开挖深度的增加水平土压力值逐渐减小。造成测点 1 水平应力值增加,测点 2 处水平应力值减小的主要原因有以下两个方面:一方面地下连续墙向基坑内变形土体卸荷,测点 2 区域的静止土压力向主动土压力转变,应力下降;另一方面由于两区域之间的相对位移,形成土拱效应,将作用于测点 2 区域拱后或拱上的压力传递至测点 1 拱脚及周围稳定介质中去。

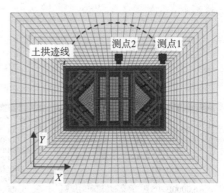

图 3-20　工作井基坑水平土压力测点

对比 20 m 和 28 m 埋深不同时开挖深度下的水平应力值变化。在 20 m 埋深水平测点 1 处基坑开挖完成后,水平位移约为 2.23 mm,水平土压力值增长 0.05 MPa,相比于静止土压力增大 15%;测点 2 处基坑开挖完成后水平位移约为 40.87 mm,水平土压力值降低约 0.11 MPa,相比于静止土压力减小约 35%;在 28 m 埋深水平测点 1 处基坑开挖完成后,水平位移约为 2.44 mm,水平土压力值增长 0.05 MPa,相比于静止土压力增大 12%;测点 2 处基坑开挖完成后水平位移约为 47.45 mm,水平土压力值降低 0.13 MPa,相比于静止土压力减小约 34%。通过上述不同埋深开挖前与开挖完成时水平土压力值对比,在基坑一定深度范围内产生土拱效应,出现了应力转移的现象。土拱拱脚位置(测点 1)水平应力值增加,增加幅度约为初始应力值的 15%;土拱中间位置(测点 2)水平土压力值减小,减小幅度约为初始应力值的 35%。

分别提取工作井基坑测点 1 和测点 2(图 3-20),开挖深度 9 m、21 m 和 36 m 时的 Y 方向纵剖面的 Y 方向水平应力云图,如图 3-22 和图 3-23 所示,研究基坑随开挖深度的增加,水平应力的变化规律。

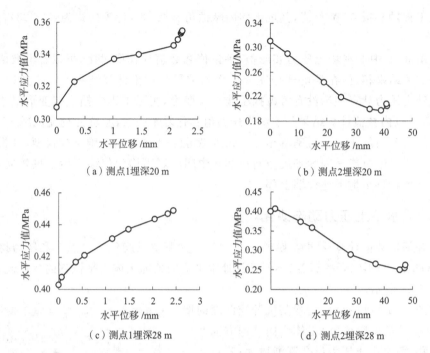

（a）测点1埋深20 m　　　　（b）测点2埋深20 m

（c）测点1埋深28 m　　　　（d）测点2埋深28 m

图 3-21　水平土压力随基坑开挖动态变化

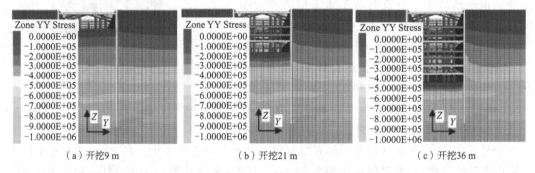

（a）开挖9 m　　　（b）开挖21 m　　　（c）开挖36 m

图 3-22　工作井测点 1 切面 Y 方向水平土压力云图

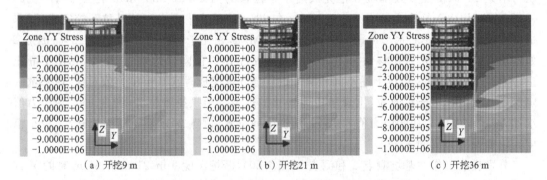

（a）开挖9 m　　　（b）开挖21 m　　　（c）开挖36 m

图 3-23　工作井测点 2 切面 Y 方向水平土压力云图

通过图 3-22 应力云图可以看出,测点 1 处随开挖深度的增加在已开挖深度范围内挡墙后附近区域应力增大;对比图 3-23 可知,测点 2 位置 Y 方向水平应力受基坑开挖扰动后应力值减小,相对于测点 1,测点 2 位置处对挡墙后的土体应力场影响范围更大,并且开挖面下方一定范围内也会受到基坑开挖扰动影响。

3.5.2　水平土压力分布规律

为了直观地获得沿工作井基坑长边水平应力分布特征,分别提取工作井基坑开挖完成后,埋深 20 m、28 m 水平切面 Y 方向水平应力云图,如图 3-24 所示。基坑开挖后,中间区域的地下连续墙受墙后土体的挤压作用向基坑内部变形,作用在地下连续墙后的土体位移变形由原来的静止土压力向主动土压力转变;基坑两端的地下连续墙受到横向地下连续墙的支撑作用,变形较小或几乎无向基坑内侧的变形。挡墙后的土体初始应力场在基坑开挖后引起应力重新分布,把原来作用在地下连续墙中间区域的压应力传递至基坑两端变形较小区域,造成了图 3-24 中的基坑中间区域卸荷水平应力较小,基坑两端产生较高的应力集中区。

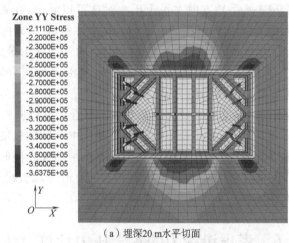

（a）埋深 20 m 水平切面

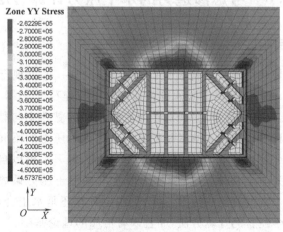

（b）埋深 28 m 水平切面

图 3-24　Y 方向水平土压力应力分布云图

为了对比基坑开挖前后水平土压力变化,沿工作井长边提取埋深 20 m 水平地下连续墙外侧土体的 Y 方向水平压力值,绘制基坑开挖前静止水平土压力与基坑开挖完成后水平土压力曲线,如图 3-25 所示。

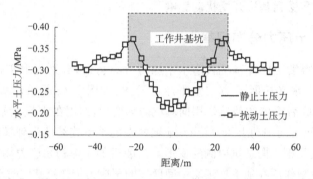

图 3-25　基坑开挖前后 Y 方向水平土压力对比

通过图 3-25 基坑开挖前后 Y 方向水平土压力对比可以看出,在基坑开挖完成后埋深 20 m 水平,扰动应力场在 X 方向的范围约为 80 m,其中在基坑 X 方向两端 $-40 \sim -15$ m 和 $15 \sim 40$ m 范围内为压力升高区。与静止土压力相比,水平土压力最大增长约 0.07 MPa,扰动应力约为静止土压力的 1.23 倍。在 $-15 \sim 15$ m 范围内为压力降低区,最大减小约 0.10 MPa,扰动应力约为静止土压力的 0.67 倍。水平面沿挡墙土压力分布规律呈明显土拱效应特征,与竖向活动门试验土压力研究结果一致。结合土拱效应原理分析基坑 X 方向两端一定范围内水平土压力增长,其主要原因是由于基坑中间区域松动的土体通过土体抗剪强度的发挥将应力转移至两个拱脚,造成两拱脚压力水平增高。同时由于土拱效应的发挥两拱脚在一定程度上分担了基坑中间区域的水平土压力值,因此,在土拱效应的影响下,可以减小因松动土体荷载而产生的围护结构变形。

3.6　考虑渗透力的水土压力计算方法

3.6.1　围护结构土压力理论研究现状

土压力计算理论是基坑围护结构设计的核心问题之一,根据现行的《建筑基坑支护技术规程》(JGJ 120—2012)建议,对于吸水性较差的砂土与碎石土,计算水土压力应该基于有效应力原理,使用水土分算计算方法;而对于吸水性较强的黏性土与黏质粉土等,应采用水土合算计算方法。分算与合算最大的区别便是对于孔隙水压力的不同处理,水土分算是将土体与地下水视为两个独立的整体,土体颗粒是分散的,地下水可以自由流动;水土合算则是将地下水与土体视为一个整体,在计算压力时全部乘以土压力系数。目前,关于支护结构上的水土压力计算一直没有统一标准,无论是水土分算还是水土合算,都有一定的缺陷,实际工程中普遍使用半经验的计算方法,而且未有可靠的理论基础。

1. 经典土压力理论

经典土压力计算理论主要有朗肯理论与库仑理论两种,下面对这两种理论基本情况进行总结比较,具体见表 3-1。

表 3-1 经典土压力计算理论

	计算依据	基本假设	计算公式	适用条件
朗肯理论	半无限土体在自重作用下,处于极限平衡状态的应力条件	挡土墙的墙背竖直、光滑,且挡土墙后填土表面水平	$P_a = \gamma z K_a - 2c\sqrt{K_a}$ $P_p = \gamma z K_p + 2c\sqrt{K_p}$ $P_0 = \gamma z K_{p0}$	土体为砂土、黏土、均质土或层状土时,此种方法均可适用,当地下水或渗流效应存在时也可适用
库仑理论	墙后滑动楔体的极限平衡条件	墙后土体是均质的各向同性的理想散粒体	$P_a = \gamma z K_a$ $P_p = \gamma z K_p$ $P_0 = \gamma z K_{p0}$	挡土墙墙背倾斜、粗糙、填土表面倾斜,不能用于有渗流效应的情况

注:式中,γ 为土的容重;z 为计算点的深度;c 为土体的黏聚力;K_0 为静止土压力系数;K_a 为主动土压力系数;K_p 为被动土压力系数。

当地表有载荷时,可以根据实际情况对土压力计算公式进行修正,具体计算方法可以参考设计手册或施工规范。对于地表超载现象,学者们已做了大量研究并提出许多计算的经验方法。

朗肯土压力理论不仅适用于各类土体,也适用于地下水及渗流效应存在的情况,其假设条件为墙体垂直、地面水平等均符合一般深基坑工程的实际条件。朗肯土压力假设挡土墙结构与土体间没有摩擦力,这样会使计算结果中主动土压力偏大、被动土压力偏小,在支护结构设计中,这样的计算结果是偏保守的,但可保证施工安全,所以在基坑工程设计中,朗肯土压力理论得到广泛应用。

2. 水土压力分算

水土压力分算是指在计算围护结构承受的压力时,根据有效应力强度指标,将水压力与土压力分开计算,即有效应力 σ' 作用在地下连续墙上产生土压力,地下水产生的孔隙水压力 μ 直接作用在地下连续墙上,分别计算再叠加,得到总的水土压力,该方法在理论上是正确的。此方法公式计算为

$$P_a = \sigma' K_a' - 2c'\sqrt{K_a'} + \mu$$
$$P_p = \sigma' K_p' + 2c'\sqrt{K_p'} + \mu \tag{3-24}$$

根据有效应力原理,某一深度土体有效应力为

$$\sigma' = \sigma - \mu = \gamma_{sat} z - \gamma_w z = \gamma' z \tag{3-25}$$

式中,σ' 为 z 深度处竖向有效应力;K_a'、K_p' 为有效应力指标下的朗肯主、被动土压力系数;$K_a' = \tan^2(45 - \varphi'/2)$,$K_p' = \tan^2(45 + \varphi'/2)$;$\varphi'$、$c'$ 为应力强度指标;μ 为静水压力;γ_{sat} 为土体总容重;γ' 为土体有效容重;γ_w 为水的容重。

将式(3-25)带入式(3-24)中可得:

$$P_a = (\gamma' K_a' + \gamma_w)z - 2c'\sqrt{K_a'}$$
$$P_p = (\gamma' K_p' + \gamma_w)z + 2c'\sqrt{K_p'} \tag{3-26}$$

在工程应用中,对于黏性弱的碎石土和砂土,在计算水土压力时采用基于有效应力原理的水土压力分算方法。

3. 水土压力合算

水土压力合算是指在基坑工程土压力计算中,将水和土作为一个整体,共同乘以土压力系数计算,在饱和状态下,不考虑孔隙水压力,而是将水压力 μ 的影响在总应力强度指标下来考虑,其计算公式为

$$P_a = \sigma K_a - 2c\sqrt{K_a} = \gamma_{sat} z K_a - 2c\sqrt{K_a}$$

$$P_p = \sigma K_p + 2c\sqrt{K_p} = \gamma_{sat} z K_p + 2c\sqrt{K_p}$$

(3-27)

式中,σ 为 z 深度处竖向总应力;γ_{sat} 为土体饱和容重,$\gamma_{sat} = \gamma_w + \gamma'$;$K_a$、$K_p$ 为总应力指标下的朗肯主、被动土压力系数;$K_a = \tan^2(45 - \varphi/2)$,$K_p = \tan^2(45 + \varphi/2)$;$\varphi$、$c$ 为总应力强度指标。

水土压力合算法是在长期工程实践中获得,但并没有理论基础。从公式形式来看,很明显,不含孔隙水压力,也就是说水压力 μ 为 0,这与事实不符,实际上,根据 $\gamma_{sat} = \gamma_w + \gamma'$,式中相当于对 $\gamma_w z$ 也乘以土压力系数。这种方法具有一定的实用性,首先,由于水土合算法中所需的参数 φ、c 值容易获得;其次,黏性土条件下水土压力的实测值总是小于计算值,而对水压力乘以土压力系数刚好符合减小计算结果的要求。但是该方法由于没有理论基础,则仍存在一定的缺陷。

4. 渗流作用

在基坑工程中,由于施工需要,基坑在开挖前通常需要进行降水处理,这会造成基坑内外产生水头差,导致地下水会发生流动,在围护结构前后产生水位差,发生渗流,土体中的流动水在水头压力作用下,会产生作用在土体颗粒上的拖拽力,方向与水流方向一致,促使土粒有向渗流方向运动的趋势,渗透力能够影响土体的有效应力,进而影响土压力,是引起土体平衡状态发生变化的原因之一,渗透力作用示意图如图 3-26 所示。但目前在水土压力计算过程中,并未考虑渗透力,这样的计算方法是不符合实际的。目前普遍认为,由于渗透力直接作用在土体上影响土体的有效应力,故考虑渗流条件下求得水土压力时,应将渗透力与土体有效应力在竖直方向上叠加乘以土压力系数。

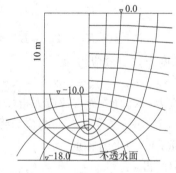

图 3-26   渗透力作用示意图

渗透力是体积力,计算土体有效应力时可以与土体的有效容重叠加,与水力梯度 i 成正比,作用方向与渗流方向一致,即

$$j = \gamma_w i$$

(3-28)

平均水力梯度为 $i = \dfrac{h}{h + 2h_d}$,式中,h 为挡土结构两侧水头差,$h + 2h_d$ 为渗径。在墙后主动侧,渗透力竖直向下,因此,墙后地表下 z 深度处的有效垂直应力为 $\sigma' = (\gamma + j)z$;在坑内被动测,渗透力竖直向上,被动侧坑底以下 z 深度处的有效垂直应力为 $\sigma' = (\gamma - j)z$ 。

3.6.2　考虑渗透力的水土压力计算方法

目前,针对基坑围护结构上的水土压力问题,就砂土与碎石土而言,工程界与学术界已经基本达成一致观点——应采用有效应力原理指标,使用水土分算的方法计算水土压力。目前问题的关键在于透水性差的黏性土在采用有效应力原理时是否适用?在工程运用中是否符合其作用机理?根据工程经验得来的水土合算方法并未有完善的理论基础,但却可以应用在工程实际中的原因是什么?

1. 砂土与黏土中的孔隙水

针对上述问题的提出,解决问题的关键是需要从砂土与黏土中的孔隙水入手,砂土与黏土中的孔隙水微观结构如图 3-27 所示。黏性土的颗粒很细,粒径 $d < 0.005$ mm,土粒周围会形成电场,带有电荷,孔隙水中的一部分水分子受到电分子力的吸引,吸附在土粒四周,形成结合水膜,黏性土土粒与土中的水相互作用十分显著,关系十分密切。砂土的粒径 $d = 0.075 \sim 2$ mm,为单粒结构,土颗粒与土中的水相互作用不明显。

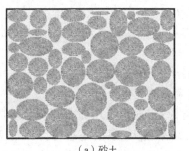　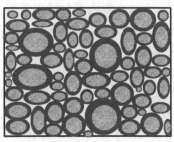

（a）砂土　　　　　　　　　　　　（b）黏土

图 3-27　砂土与黏土中的孔隙水微观结构

根据上述分析,孔隙水可以划分为自由水与结合水,自由水可以在土体孔隙内自由流动,能够产生孔隙水压力与渗流效应的一部分孔隙水,占据了一部分孔隙的体积;结合水由于受到黏性土体颗粒的吸引作用,吸附在土体颗粒表面,不会脱离土体颗粒发生流动,不会传递孔隙水压力,也不会产生渗流效应的一部分孔隙水,占据了另一部分孔隙的体积。

由此观点出发,分析水土压力分算与合算这两种方法计算结果跳跃性大的问题:在计算砂土等吸水能力弱的土体水土压力时,采用有效应力原理,使用水土压力分算的方法,计算结果与实测值接近;在计算黏性土等吸水能力强的土体水土压力时,采用总应力原理指标,计算结果与实测值接近。从公式形式来看,在计算黏性土水土压力时,水土合算法对水压力 u 乘以土压力系数,相当于对水压力进行了折减,使结果更接近实际;从孔隙水的划分角度考虑,由于结合水不能流动,且由于吸附力大于重力导致不会传递孔隙水压力,在计算水压力 u 时,应该只计算可以流动的自由水,将结合水与土体颗粒视作一个整体,重新计算水土压力,理论上减小了水压力,可以使计算结果接近实际。

2. 水土压力共同作用系数

上述分析已经指出结合水的存在是导致砂土与黏土水土压力计算结果跳跃性大的根本原因,要统一水土压力分算与合算的方法,就需分析结合水量的多少对水压力及有效应力大小的影响,故需定义一个系数 k 来表示自由水与孔隙的体积比来分析结合水对孔隙水压力的影响。当土体为理想无黏性土,即不存在结合水,此时 k 值为 1;当土体为理想黏性土,即不存在自由水,此时 k 值为 0。

假设截面总面积为 A,自由水面积 A_e,结合水面积 A_g,土体颗粒面积 A_s,孔隙总面积为 A_v,则 k 值在 0~1 之间的变化可以实现理想无黏性土与理想黏性土之间的土体性质的过渡。

3. 统一强度指标

由于水土压力分算采用的是有效应力原理指标,水土压力合算采用的是总应力原理指标,要实现水土压力分算与合算计算方法的统一,还需确定统一的强度指标。

对于砂土及碎石土而言,基于有效应力原理指标,采用水土压力分算的方法计算更接近实测值,说明对于理想无黏性土,使用分算方法,有效应力原理是正确的。对于黏性土土体,当采用总应力原理指标时,计算结果与实测值接近,但是没有完备的理论基础。

有效应力原理是太沙基提出的基本概念,该原理是土力学区别于其他力学的标志,也是土力学的基石,它的主要内容包括以下两个方面:

(1)饱和土体内某一平面上受到的总应力可以划分为有效应力与孔隙水压力两个部分,其关系表达式为

$$\sigma = \sigma' + u \tag{3-29}$$

(2)土体的变形与强度的变化取决于有效应力的变化。

在有效应力原理的基础上提出统一强度指标,实现水土压力分算与合算的过渡。当使用水土压力分算方法计算黏性土水土压力时,结果偏大,原因是总应力原理实现了对水压力 u 的折减。若基于有效应力原理,划分孔隙水为可以产生孔隙水压力的自由水与不能够产生孔隙水压力的结合水,将 σ 划分为 σ'、u_1 和 u_2,(对于 u 的划分,可以引入自由水与孔隙体积比值 k,$u_1 = u(1-k)$、$u_2 = uk$),u_1 为结合水的孔隙水压力,u_2 为自由水的孔隙水压力,将 σ' 和结合水产生的 u_1 重新定义为 σ'_c,将 u_2 重新定义为 u_c,即

$$\sigma = \sigma' + u = (\sigma' + u_1) + u_2 = [\sigma' + (1-k)u] + ku = \sigma_c + u_c \tag{3-30}$$

基于统一强度指标,将 σ_c 重新定义为有效应力,将 u_c 定义为孔隙水压力,当 k 为 1,即理想无黏性土条件下:$\sigma_c = \sigma'$、$u_c = u$,此时刚好与有效应力指标下的有效应力、孔隙水压力相对应;当 k 为 0,即理想黏性土条件下:$\sigma_c = \sigma' + u$、$u_c = 0$,此时刚好与总应力指标下将土体有效应力及水压力视为一个整体与总应力相等相对应。说明统一强度指标可以实现有效应力强度指标与总应力强度指标之间的过渡,即可以实现理想黏性土与理想无黏性土之间的水土压力过度计算。此时

$$\sigma_c = \sigma' + (1-k)u$$
$$u_c = ku \tag{3-31}$$

采用上述统一强度指标,便可以实现有效应力强度指标与总应力强度指标之间的过

渡,下面分析统一强度指标的强度线,总应力与有效应力强度方程线分别为

总应力强度指标：$\qquad\tau = c + \sigma\tan\varphi$

有效应力强度指标：$\qquad\tau' = c' + \sigma'\tan\varphi'$

为了统一强度指标能够在总应力强度指标与有效应力强度指标之间实现过渡,引入水土压力共同作用系数 k,如图 3-28 所示。设 $\tau_c = (1-k)\tau + k\tau'$,当 $k=1$,即理想无黏性土时：$\tau_c = k\tau'$,刚好符合有效应力强度指标；当 $k=0$,即理想黏性土时：$\tau_c = k\tau$,刚好符合总应力强度指标,即

$$\begin{aligned}
\text{统一强度指标：}\tau_c &= c_c + \sigma_c\tan\varphi_c \\
&= (1-k)\tau + k\tau' \\
&= (1-k)(c + \sigma\tan\varphi) + k(c' + \sigma'\tan\varphi') \\
&= c + \sigma\tan\varphi - kc - k\sigma\tan\varphi + kc' + k\sigma'\tan\varphi' \\
&= [c(1-k) + c'k] + [(1-k)\sigma\tan\varphi + k\sigma'\tan\varphi']
\end{aligned}$$

此时 $\qquad\qquad c_c = c(1-k) + c'k$

$$\sigma_c\tan\varphi_c = (1-k)\sigma\tan\varphi + k\sigma'\tan\varphi'$$

当 $k=1$,即理想无黏性土条件下：$c_c = c'$、$\varphi_c = \varphi'$,此时刚好与有效应力指标下的黏聚力、内摩擦角相对应；当 $k=0$,即理想黏性土条件下：$c_c = c$、$\varphi_c = \varphi$,此时刚好与总应力指标下黏聚力、内摩擦角相对应。实现了两套强度指标的统一,为新的水土压力计算方法提供了理论基础。

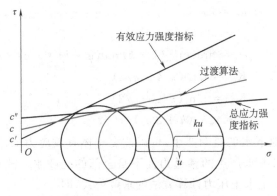

图 3-28　统一算法的强度线

4. 渗透力作用

作用在支挡结构上的侧向压力,包括有效土压力与水压力两个部分。某些地下水赋存丰富的地区,水压力可能会比有效土压力还要大,因此,对水压力的计算一定要精确且符合实际。地下水的存在除上述静水压力外,还可能由于坑内降水等工作引起地下连续墙内外产生水位差,导致地下水发生渗流。渗流作用产生的渗透力对水土压力的计算也有重要的影响,渗透力的存在,会使土体的有效应力发生改变,进而影响作用在地下连续墙上水的水土压力,渗透压力按照动水压力计算,即 $j = \gamma_w i$。

(1)渗透侧对墙后水土压力影响

基坑降水后,坑内外土体产生水头差,水体会通过土体间的孔隙进行流动,由于地下连

续墙具有不透水性,坑外地下水会绕过地下连续墙,从地下连续墙底部向基坑内渗流,这样的渗流引起的渗透力是竖直向下的。由于渗透力是体积力,在计算土压力时,渗透力与土的容重方向均向下,可以叠加,即 $\sigma = (\gamma + j)z$,将考虑渗透力的 σ 代入经典朗肯土压力计算公式得

$$P_a = \sigma K_a - 2c K_a^{1/2} = (\gamma + \gamma_w h)/(h + 2 h_d)z K_a - 2c K_a^{1/2} \tag{3-32}$$

(2)渗透力对墙前水土压力影响

地下水绕过地下连续墙端部后,向水头压力低的方向流动,也就是向地表方向竖直向上流动,坑内土体容重方向竖直向下,渗透力方向竖直向上,叠加后 $\sigma = (\gamma - j)z$,将考虑渗透力的 σ 代入经典朗肯土压力计算公式得

$$P_p = \sigma K_p + 2c K_p^{1/2} = (\gamma - \gamma_w h)/(h + 2 h_d)z K_p + 2c K_p^{1/2} \tag{3-33}$$

目前,许多基坑在设计支挡结构参数时并未考虑渗流带来的影响,但是地下水的渗流问题是岩土工程中一个至关重要的安全问题,计算水土压力时考虑地下水的渗透力可以修正计算结果,使结果更贴近实测值,为后续提出考虑渗透力的水土压力计算方法提供了思路。

5. 水土压力计算方法

通过基于统一强度指标原理重新定义的 σ_c' 和 u_c 以及基于统一强度线重新定义的 c_c 和 φ_c,即

$$
\begin{aligned}
\sigma_c &= \sigma' + (1 - k)u \\
u_c &= ku \\
c_c &= c(1 - k) + c'k \\
\varphi_c &= \arctan\{[(1 - k)\sigma\tan\varphi + k\sigma'\tan\varphi']/\sigma_c\} \\
K_{ac} &= \tan^2(\pi/4 - \varphi/2) \\
K_{pc} &= \tan^2(\pi/4 + \varphi/2) \\
j &= \gamma_w h/(h + 2 h_d)
\end{aligned}
\tag{3-34}
$$

由于渗透力是由地下水的流动产生,可以改变土体有效应力的体积力,故考虑渗透力时应考虑可以流动的自由水产生的渗透力而不是全部的孔隙水。故可以提出在考虑渗透力前提下过渡砂土与黏土水土压力计算方法的求解公式,即

$$
\begin{aligned}
P_a &= (\sigma_c + kjz) K_{ac} - 2 c_c \sqrt{K_{ac}} + u_c \\
&= [\gamma_{sat}(1 - k) + \gamma'k + k\gamma_w h/(h + 2 h_d)]z K_{ac} - 2[c(1 - k) + c'k] \sqrt{K_{ac}} + k\gamma_w z \\
P_p &= (\sigma_c - kjz) K_{pc} + 2 c_c \sqrt{K_{pc}} + u_c \\
&= [\gamma_{sat}(1 - k) + \gamma'k - k\gamma_w h/(h + 2 h_d)]z K_{pc} + 2[c(1 - k) + c'k] \sqrt{K_{pc}} + k\gamma_w z
\end{aligned}
\tag{3-35}
$$

式中,当 $k = 1$ 时,土体为理想无黏性土,式(3-35)变化为

$$
\begin{aligned}
P_a &= [\gamma' + \gamma_w h/(h + 2 h_d)]z K_a' - 2c'k \sqrt{K_a'} + \gamma_w z \\
P_p &= [\gamma' - \gamma_w h/(h + 2 h_d)]z K_p' + 2c'k \sqrt{K_p'} + \gamma_w z
\end{aligned}
\tag{3-36}
$$

此时为水土分算计算公式,式中 K_a'、K_p' 均为有效应力强度指标计算。

当 $k = 0$ 时,土体为理想黏性土,式(3-35)变化为

$$P_a = \gamma_{sat} z K_a - 2ck \sqrt{K_a}$$
$$P_p = \gamma_{sat} z K_p + 2ck \sqrt{K_p}$$

(3-37)

此时为水土分算计算公式,式中 K_a、K_p 均为总应力强度指标计算。

这样式(3-37)就在统一强度指标基础上建立了一种新的水土压力计算方法,这种方法不仅将地下水渗流产生的渗透力考虑在内,而且也解决了砂土与黏土在采用有效应力指标与总应力指标条件下计算水土压力结果跳跃性大的问题,并从理论上分析了两种计算方法结果差异的原因,解决了性质介于砂土与黏土之间的粉质黏土等类土体计算水土压力结果不准确的问题。

3.6.3 工程验证

为了验证本章提出水土压力计算方法的可行性,通过济南黄河隧道工程现场实测地点墙后水土压力的方式,来分析比较水土分算、水土合算以及本章算法的准确性。水土压力监测点布置在合建段基坑异形段处,基坑开挖深度 26 m,地下连续墙深度 35 m,地下水与地表面齐平。根据现场提供的济南黄河隧道岩土工程勘察,土体参数汇总见表 3-2。

表 3-2 合建段土体参数

土层	深度 /m	统计项目	质量密度 /(kg·m⁻³)	干密度 /(kg·m⁻³)	三轴剪				直剪		天然孔隙比
					黏聚力 /kPa	内摩擦角 /(°)	有效黏聚力 /kPa	有效内摩擦角 (°)	黏聚力 /kPa	内摩擦角 (°)	
素填土	0~3	最大值	19.7	16.8	36.6	19.4	33	20.4	13.5	31.7	1.09
		最小值	17.3	13.1	36.6	19.4	33	20.4	8.7	16.7	0.62
		平均值	18.4	15	36.6	19.4	33	20.4	11.1	24.2	0.81
黏质粉土	3~9	最大值	20.2	16.2	19.8	23.4	20	25.5	41	28.7	1.62
		最小值	16.5	13.8	5.9	7.9	4.9	8.9	2.5	3.1	1.38
		平均值	18.5	14.6	15.7	16.7	13.6	18.1	19.4	13.1	1.46
粉质黏土	9~30	最大值	2.01	1.64	30.4	24.6	38.4	26.9	67.5	24.2	1.06
		最小值	1.74	1.3	10.8	12.7	7.5	15	6	4.3	0.61
		平均值	1.87	1.46	19.4	21.1	17.3	22.5	21.1	12	0.86
黏质粉土	30~33	最大值	20.7	17.3	14.8	20.5	11.6	24.8	37	30.9	1.02
		最小值	18.2	13.6	14.8	20.5	11.6	24.8	3.2	6.5	0.56
		平均值	19.6	15.6	14.8	20.5	11.6	24.8	19.2	15.9	0.74
粉质黏土	33~40	最大值	20.9	18.1	21.5	23.4	37.4	23	51.7	23.7	0.76
		最小值	17.7	13.3	13.8	14.9	8.2	17.8	7.6	10.4	0.52
		平均值	19.7	15.9	16.4	18.7	15.5	21	23.5	16.9	0.65

土体内自由水体积与孔隙体积之比选取经验值 0.5,将各参数代入公式与水土压力分算合算计算结果进行比较,对比结果如图 3-29 所示。

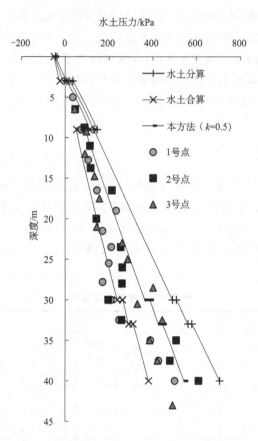

图 3-29   提出的水土压力计算结果与实测值对比

通过分析数据不难发现,大部分实测数据均分布在水土压力分算与水土压力合算方法之间,这也通过试验的方式证明了在性质介于砂土与黏土的土体中,使用水土压力分算方法与水土压力合算方法均不准确,导致误差的原因是由于传统的计算理论并没有考虑到不同吸水能力的土体可能引起有效应力的变化;地下水流动导致的渗透力也会使有效应力发生变化。

本章在前人的基础上尝试提出了一种考虑渗透作用且适用于所有土体的水土压力计算方法,该方法计算得出的理论水土压力值相较于传统计算理论考虑到了地下水对水土压力计算的影响,逻辑上更加严密,通过理论值与现场监测得到的数据结果对比可知:考虑地下水对水土压力计算理论的影响对于计算结果起到了优化作用,有效解决了传统水土压力分算与合算结果跳跃性大的问题。

3.7 本章小结

本章分别从土拱效应和水的渗透力两个方面，对经典土压力计算理论进行了修正和改进，得到主要结论如下：

(1)基于经典土压力理论和自然平衡拱弯矩为零的理论，推导了土拱迹线方程，得到了土体内摩擦角与土拱迹线之间的关系，并与前人理论和试验结果进行了对比，结果显示本书推导的土拱迹线形状更能够契合实际试验结果。

(2)基于前人提出的土体螺旋线滑裂面，研究了基坑失稳滑裂土体的形态，得到了极限土拱拱跨与内摩擦角和基坑开挖深度之间的关系以及土拱的影响范围。

(3)分析了基坑开挖长度小于土拱拱跨时滑裂土体的三种形态，建立了考虑土拱效应影响极限平衡状态下的滑裂土体主动土压力计算方程。

(4)解决了水土压力分算与合算计算结果跳跃性大的问题，提出了一种考虑渗透力的水土压力过渡计算方法，对于透水性质介于二者之间的土体，计算结果更加符合物理规律。

4 | 异形超深基坑安全施工技术与参数优化

4.1 引　言

随着基坑工程向"深、大、近"等方向的发展,"深"即基坑的开挖深度不断加深;"大"即基坑的开挖面积增大;"近"即基坑工程与周边建筑物的距离不断减小,这些均对基坑工程的变形等要求不断提高。通过对大量基坑工程案例的统计发现,围护结构最大变形量与开挖深度[54,55]和一定范围内的面积深度比呈线性增长关系[56],而围护结构变形过大极易造成结构断裂失稳事故的发生。

济南黄河隧道南岸合建段和工作井基坑总开挖面积约 15 944.2 m²,最大开挖深度为35.4 m,穿越地层主要为粉质黏土层,土体承载力差。根据现场监测数据显示,基坑开挖后地下连续墙、内支撑轴力和地表沉降多点达到红色预警值。并且,合建段基坑标准段西侧地下连续墙由于变形过大,导致出现裂缝。

在边坡和地下工程中,土拱效应的应用是比较普遍的。如按一定合理间距呈"点"状布置的抗滑桩,就是利用桩与桩之间形成的土拱效应相互搭接串联后对"线"状分布的滑坡推力进行平衡。基坑工程中土拱效应的应用主要集中在排桩支护、灌注桩间距与土拱效应之间的关系和优化[57],针对桩锚支护结构与周围岩土体之间竖向土拱效应,锚索入射角度的优化研究[58];而针对采用地下连续墙＋内支撑支挡方案的超大深基坑工程,土拱效应应用研究较少。

为此,本章考虑土拱效应应力转移特征,根据前文理论计算标准弧形拱极限拱跨距离,以济南穿黄隧道南岸明挖基坑工程为例,对基坑土拱拱脚位置进行加固,将土拱中心区域土体应力转移至拱脚加固点,进而减小围护结构变形,确保超大深基坑工程施工过程的安全和稳定。

4.2　异形超深基坑施工过程中围护结构力学行为与变形特征

地下连续墙位移是随基坑开挖深度的进行而发生变化的物理量,是监测基坑变形、确保基坑安全施工的重要监测内容。济南穿黄隧道南岸汽修厂站基坑工程站全长 389 m,宽度为 21.9～31.2 m,深层水平位移监测点按照 30 m 间距及工程实际情况进行布设,共 45 个监测点,编号 ZQT1～ZQT45。为分析墙体位移与施工进度的关系,选择基坑中 4 个具有代表性的基坑监测点,即能比较全面反映整个基坑变形情况的测点:左端测点 ZQT1、距左端 79.9 mZQT6、距左端 207.2 mZQT10、距左端 145.8 mZQT27。测点布置如图 4-1 所示。

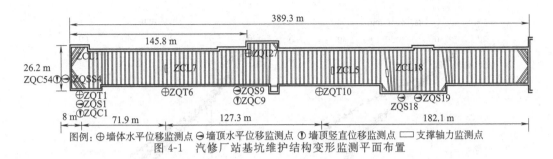

图 4-1 汽修厂站基坑维护结构变形监测平面布置

4.2.1 地下连续墙深层水平位移数据统计

记录基坑自开挖起,不同工况下的墙体变形,并分析影响墙体变形的因素与墙体变形特点。详细数据如图 4-2～图 4-9 所示。

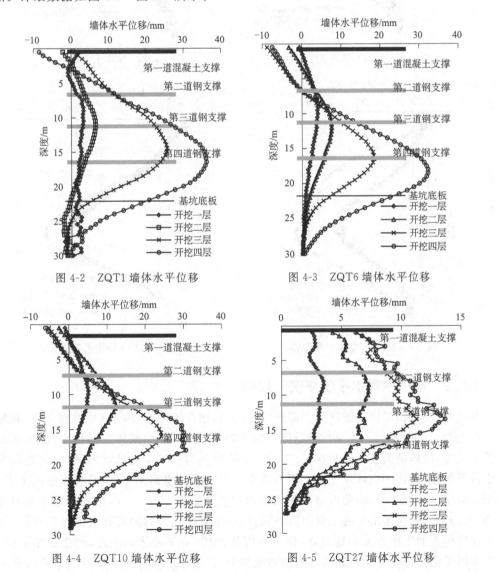

图 4-2 ZQT1 墙体水平位移

图 4-3 ZQT6 墙体水平位移

图 4-4 ZQT10 墙体水平位移

图 4-5 ZQT27 墙体水平位移

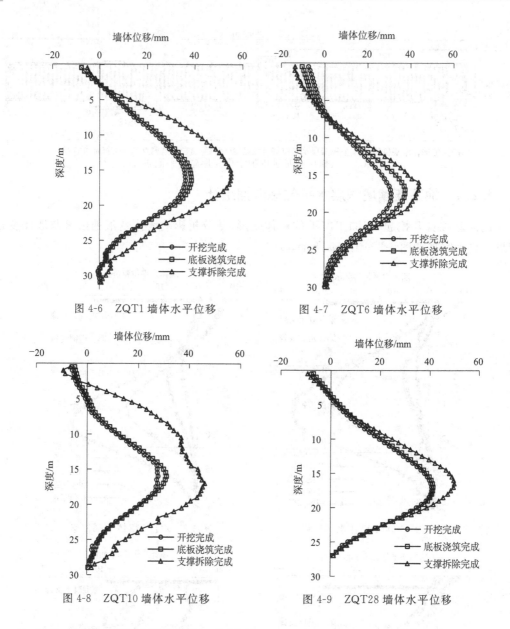

图 4-6   ZQT1 墙体水平位移

图 4-7   ZQT6 墙体水平位移

图 4-8   ZQT10 墙体水平位移

图 4-9   ZQT28 墙体水平位移

4.2.2   墙体深层水平位移变化规律

基坑开挖阶段,墙体变形随施工进行明显增大,结合图 4-2~图 4-9 中数据分析,并将图中数据汇总,详见表 4-1。在基坑开挖第一层土时,开挖至 9 m,墙体变形很小,墙体底部位移基本为零,墙体最大变形发生在 8~10 m,墙体发生的位移是向基坑内侧的,这是因为此时土体开挖较浅,作用在墙体上的土压力较小。架设第二道钢支撑后,基坑继续向下挖,开挖第二层土时,挖至 12 m,此时墙体最大变形位置发生在 11~13 m,地表附近墙体的变形是向基坑外侧的,这是由于两个原因造成的:第一个原因是因为随着开挖深度的增加,深处作用在墙体上的土压力大于地表处,作用在墙体外侧,由于墙体的塑性,产生梯角效应;第二个原因是第二道钢支撑在安装后施加初始轴力,作用在墙体内侧。以上两个原因叠加会导致墙体深处向坑内发生位移,地表附近墙体向坑外发生位移。在架设第三道钢支撑后,继续施工挖第三层土,挖至 18 m,此时墙体最大变形位置发生在 14~17 m,这是因为钢支撑进入承载状态,有效抑制了墙体变形,所以相对于开挖至第二层土时,墙体最大变形位置已不发生在开挖面。架设第四道支撑后,继续开挖第四层土,挖至 22 m,此时最大变形位置发生在 16~18 m 处,这证实了钢支撑承载后抑制墙体变形,会使最大变形位置发生在开挖面以上。观察墙体变形发现,随着开挖深度的增加,墙体变形逐渐呈两头小、中间大的趋势。转角处相较于标准段位移较小。与端部测点相比,基坑中部测点开挖第一层与第二层土时,墙体位移较大,开挖第三层与第四层土时,墙体位移较小。支撑能够有效控制墙体最大位移位置,在合理支撑条件下,基坑端部墙体最大位移发生在开挖深度四分之三位置处,基坑中部墙体最大位移发生在开挖深度五分之四位置处。

表 4-1　开挖过程中基坑墙体位移

测点	ZQT1	ZQT6	ZQT10	ZQT27
开挖一层时墙体最大变形/mm	3.22	4.04	4.97	3.5
开挖二层时墙体最大变形/mm	6.43	7.58	12.21	7.24
开挖三层时墙体最大变形/mm	25.63	18.45	24.03	11.25
开挖四层时墙体最大变形/mm	36.14	32.34	30.45	13.65
开挖完成变形峰值部位	$3/4H$	$4/5H$	$4/5H$	$3/5H$

基坑开挖完成后,开始浇筑底板、中板、进行支撑的拆除,对图 4-2~图 4-9 中数据进行汇总,见表 4-2。通过分析表中数据可知,墙体最大变形位置发生在 16~18 m 处,为 0.7~0.8 倍开挖深度,底板浇筑完成与开挖完成时相比,变形增量不大,这是由于钢支撑有效抑制墙体变形且底板也能起到支撑墙体控制变形的原因,支撑拆除后,墙体变形增大,在没有支撑的情况下,墙体变形速度加快,因此为了保证施工安全,要减少基坑无支护时间,在钢支撑拆除后,及时进行中板与顶板的浇筑,控制墙体变形,保证施工安全。

表 4-2　开挖完成后基坑墙体位移

测点	ZQT1	ZQT33	ZQT6	ZQT28	ZQT10	ZQT25
与端部距离/m	9.54	7.30	122.05	121.60	207.28	196.51
开挖完成时最大变形深度/m	16.5	16.5	17.5	17	16	17
底板浇筑完成时最大变形深度/m	16.5	16	17	17	16	17.5
支撑拆除完成时最大变形深度/m	15.5	16	16.5	16.55	17	16
开挖完成时最大变形量/mm	36.09	21.71	31.05	40.81	27.91	39.67
底板浇筑完成时最大变形量/mm	38.59	22.76	37.56	41.42	31.14	42.11
支撑拆除完成时最大变形量/mm	55.18	28.53	43.99	50.05	46.19	53.12

基坑东侧测点 ZQT1 在支撑拆除完成后,墙体最大变形量为 55.18 mm,ZQT6 在支撑拆除完成后,墙体最大变形量为 43.99 mm,ZQT10 在支撑拆除完成后,墙体最大变形量为 46.19 mm。西侧测点 ZQT33 在支撑拆除完成后,墙体最大变形量为 28.53 mm,ZQT28 在支撑拆除完成后,墙体最大变形量为 50.05 mm,ZQT25 在支撑拆除完成后,墙体最大变形

量为 53.12 mm。由数据可以看出,基坑端部变形明显小于中部,测点 ZQT1 处墙体变形较大原因是基坑施工初期最先开挖测点 ZQT1 所在东南角,准备工作时间较长,墙体无支撑暴露时间较长,所以该处墙体位移较大。

基坑西侧墙体变形明显大于东侧墙体变形,这是由于基坑西侧地表施工空间大于东侧地表,西侧由土方堆积、车辆停放等原因导致地表载荷大于东侧,所以西侧墙体变形大于东侧。

4.2.3 深大基坑顺作法施工拆撑过程地下连续墙深部水平位移

墙体变形是衡量基坑稳定性的重要指标,监测分布在端部附近的测点 ZQT1、ZQT33 变形特性,分别绘制开挖完成、地板浇筑完成以及支撑拆除后基坑水平位移曲线,如图 4-10 所示,以期得出基坑端部连续墙空间变形规律。

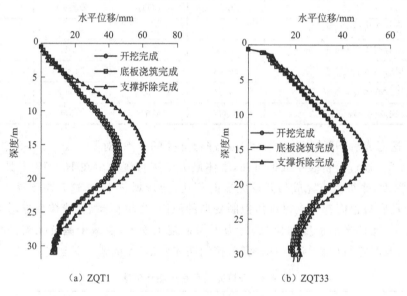

(a) ZQT1   (b) ZQT33

图 4-10 基坑南侧端部附近连续墙体位移

由图 4-10 可以看出,在测点 ZQT1 处,基坑开挖完成时墙体变形最大位置为 16.5 m 深度处,最大变形为 44 mm;底板浇筑完成时最大变形位置为 16.5 m 深度处,最大变形为 46.55 mm;支撑拆除完成时最大变形位置为 15.5 m 处,最大变形为 60.57 mm。在测点 ZQT33 处,基坑开挖完成时墙体变形最大位置为 16.5 m 深度处,最大变形为 41.8 mm;底板浇筑完成时最大变形位置为 16 m 深度处,最大变形为 41.31 mm;支撑拆除完成时最大变形位置为 16 m 处,最大变形为 49.74 mm。施工不同阶段,即开挖完成、地板浇筑完成以及支撑拆除后,距离南侧端墙 122 m 处连续墙体测点 ZQT10、ZQT25 位移监测曲线如图 4-11所示。

由图 4-11 可以看出,基坑中部测点 ZQT10 处,基坑开挖完成时墙体变形最大位置为 16 m 深度处,最大变形为 34.2 mm;底板浇筑完成时最大变形位置为 16 m 深度处,最大变形为 36.21 mm;支撑拆除完成时最大变形位置为 17 m 处,最大变形为 53.04 mm。在测点

ZQT25 处,基坑开挖完成时墙体变形最大位置为 17 m 深度处,最大变形为 51.38 mm;底板浇筑完成时最大变形位置为 17.5 m 深度处,最大变形为 57.17 mm;支撑拆除完成时最大变形位置为 16 m 处,最大变形为 74.11 mm。

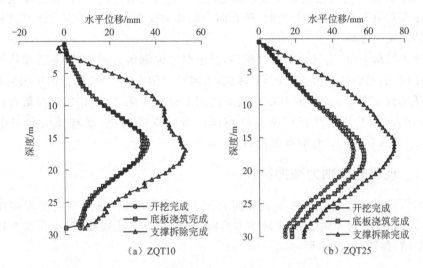

图 4-11 基坑南侧端部附近连续墙体位移

对比三种工况下地下连续墙最大变形量,基坑开挖完成与底板浇筑完成时的地下连续墙最大变形量基本无变化。但是,在支撑拆除完成时,地下连续墙深部水平位移增量较大,最大变形量增加 9~17 mm,是底板浇筑完成时最大变形量的 1.2~1.3 倍,这说明内支撑起到了较好的控制效果。在支撑拆除后,地下连续墙变形增大,在没有支撑的情况下,地下连续墙变形速度加快。因此,为保证施工安全,要减少基坑无支撑暴露时间,在内支撑拆除后,及时进行中板与顶板的浇筑,控制墙体变形,保证施工安全。

4.2.4 小   结

汽修厂站基坑开挖过程中,围护桩体的变形随开挖深度的增加而增加,发生最大变形的位置在开挖面附近,在架设钢支撑之后,钢支撑进入承载状态,能够有效控制墙体变形,使最大变形位置上移。为避免基坑变形过大,应减少无支撑时间,土层开挖后立即架设支撑,可有效控制基坑变形。在合理的支撑条件下,基坑最大变形位置发生在五分之三至五分之四深度处。

基坑开挖完成后,墙体最大变形位置发生在 0.7~0.8 倍开挖深度处,支撑进入承载状态后可以有效抑制墙体变形,墙体变形量由基坑端部向基坑中部逐渐增大,支撑拆除后,墙体变形速度加快,为保证施工安全,应减少无支撑时间。为保证施工安全,要减少基坑无支撑暴露时间,在内支撑拆除后,及时进行中板与顶板的浇筑,控制墙体变形,保证施工安全。

4.3　施工期围护结构的安全性与变形控制

支撑轴力是控制基坑稳定的重要因素,是控制墙体变形、保护坑内作业安全的重要条件,因此,需要对钢支撑轴力进行监测,防止因为墙体的变形而引起的钢支撑坠落或轴力过大使支护结构发生破坏。

对于维护结构来说,当坑内土体开挖后,由于墙体内侧压力的释放,导致墙体外侧土压力向墙内作用,引起墙体变形甚至破坏,因此,需要架设钢支撑,控制墙体向坑内偏移。

通过现场监测数据,分析轴力在开挖不同深度时的变化规律、相邻支撑架设或拆除时对轴力的影响。为了分析汽修厂站基坑不同位置的支撑轴力,现选择由北向南的测点ZCL1、ZCL7、ZCL15、ZCL18,测点布置如图 4-1 所示。

4.3.1　现场支撑轴力数据统计

济南黄河隧道工程汽修厂站基坑竖向布置了三道钢支撑,每道钢支撑均施加了预应力,基坑开挖过程中,对每道支撑进行轴力监测,记录轴力变化规律,现将几组有代表性的数据进行归纳,如图 4-12 所示。

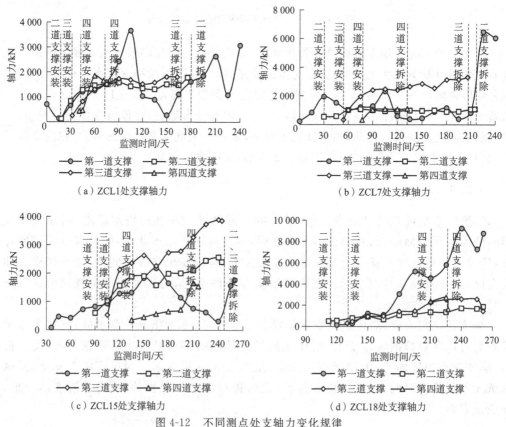

图 4-12　不同测点处支轴力变化规律

通过图 4-12 中数据可知,ZCL1 处开挖一层时第一道支撑轴力为 587.9 kN,架设第一道钢支撑后,继续向下开挖,开挖两层时,第一道支撑轴力为 666.36 kN,第二道支撑轴力为 726.28 kN,架设第二道钢支撑后继续向下开挖,开挖三层时,第一道支撑轴力为 296.68 kN,第二道支撑轴力为 1 371.51 kN,第三道支撑轴力为 823.44 kN,架设第三道钢支撑后向下开挖至基坑底,基坑开挖完成后,第一道支撑轴力 1 256.03 kN,第二道支撑轴力为 1 468.69 kN,第三道支撑轴力为 1 302.33 kN,第四道支撑轴力为 1 853.31 kN,底板浇筑完成后,进行第四道支撑拆除,此时第一道支撑轴力 2 291.05 kN,第二道支撑轴力为 1 549.07 kN,第三道支撑轴力为 1 641.51 kN,然后进行第三道支撑拆除,此时第一道支撑轴力为 1 085.82 kN,第二道支撑轴力为 1 551.59 kN,然后进行第二道支撑的拆除,此时第一道支撑轴力为 1 634.96 kN,最后进行第一道支撑的拆除。

ZCL7 处开挖一层时第一道支撑轴力为 1 045.67 kN,架设第一道钢支撑后,继续向下开挖,开挖两层时,第一道支撑轴力为 2 525.77 kN,第二道支撑轴力为 913.39 kN,架设第二道钢支撑后继续向下开挖,开挖三层时,第一道支撑轴力为 401.53 kN,第二道支撑轴力为 1 048 kN,第三道支撑轴力为 2 085.59 kN,架设第三道钢支撑后向下开挖至基坑底,基坑开挖完成后,第一道支撑轴力 1 777.0 kN,第二道支撑轴力为 953.06 kN,第三道支撑轴力为 2 474.89 kN,第四道支撑轴力为 1 079.98 kN,底板浇筑完成后,进行第四道支撑拆除,此时第一道支撑轴力 505.8 kN,第二道支撑轴力为 495.48 kN,第三道支撑轴力为 3 798.06 kN,然后进行第三道支撑拆除,此时第一道支撑轴力为 675.72 kN,第二道支撑轴力为 1 071.35 kN,然后进行第二道支撑的拆除,此时第一道支撑轴力为 1 036.64 kN,最后进行第一道支撑的拆除。

ZCL15 处开挖一层时第一道支撑轴力为 823.7 kN,架设第一道钢支撑后,继续向下开挖,开挖两层时,第一道支撑轴力为 420.65 kN,第二道支撑轴力为 924.78 kN,架设第二道钢支撑后继续向下开挖,开挖三层时,第一道支撑轴力为 1 026.65 kN,第二道支撑轴力为 1 733.79 kN,第三道支撑轴力为 2 428.93 kN,架设第三道钢支撑后向下开挖至基坑底,基坑开挖完成后,第一道支撑轴力 1 415.21 kN,第二道支撑轴力为 2 001.44 kN,第三道支撑轴力为 2 776.22 kN,第四道支撑轴力为 679.79 kN,底板浇筑完成后,进行第四道支撑拆除,此时第一道支撑轴力 167.74 kN,第二道支撑轴力为 2 334.59 kN,第三道支撑轴力为 3 297.44 kN,然后进行第二、三道支撑拆除,此时第一道支撑轴力为 830.65 kN,最后进行第一道支撑的拆除。

4.3.2 基坑开挖过程中轴力变化规律

支撑系统的安全是关系基坑稳定的重要因素,支撑轴力的监测是验证设计合理与否,保证施工安全的重要依据。通过对支撑的内力监测可以指导施工,防止因内力过大而使支护结构发生破坏。

分析图 4-12 中数据,不难发现支撑在架设后短时间内进入承载状态并维持稳定,各测点第二道支撑处轴力分布在 1 000～2 000 kN,第三道支撑处轴力分布在 1 500～2 500 kN,第四道支撑处轴力分布在 1 000～2 000 kN,第一道支撑轴力上下起伏较大,没有稳定在固定区间,这是由于第一道支撑临近地表,施工过程中堆积杂物,停放车辆导致地表荷载不稳定导致。

支撑轴力大小与同一测点不同深度其他支撑的安装与拆卸有关,下一道支撑安装后,分担了同一位置不同深度的其他支撑所受压力,临近支撑的轴力减小,下一道支撑拆除后,原本作用在该支撑上的压力由临近支撑承载,临近支撑轴力会变大。从图 4-12 中可明显看出各测点处第一道支撑在其他三道支撑拆除后,轴力在短时间内增至 5 000~6 000 kN。因此在基坑施工过程中要关注支撑拆除时临近支撑轴力变化,及时监测轴力数据,防止给工程带来不必要的风险。

4.3.3　深大基坑顺作法施工拆撑过程支撑轴力

钢支撑与混凝土支撑所承受的压力对结构安全性至关重要,不仅能够反映支撑的承载状态,也能侧面反映出基坑的变形特性,是保证基坑安全施工的一项重要监测项目。

选取基坑端部与基坑中部之间的 4 组测点,这些测点能够比较全面地反映坑内轴力的动态变化。支撑轴力测点 ZCL2 距离基坑南侧端部 7.95 m,测点 ZCL5 距离基坑南侧端部 44.60 m,测点 ZCL9 距离端部 122.88 m,ZCL14 距离基坑端部 192.40 m。四组测点连续监测近 300 天,具体数据如图 4-13 所示。其中,"-1"表示自上而下第一道支撑,"-2"表示第二道支撑,"-3"表示第三道支撑,"-4"表示第四道支撑。

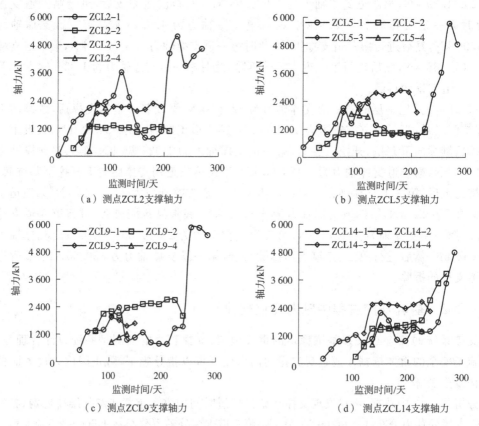

图 4-13　拆撑过程内支撑轴力变化曲线

从图 4-13 可以看出,临时支撑在架设后短期内进入承载状态并维持稳定,各测点第二道支撑处轴力分布在 1 000~2 000 kN,第三道支撑处轴力分布在 1 500~2 500 kN,第四道支撑处轴力分布在 1 000～2 000 kN。第一道支撑轴力上下波动,但是总体稳定在固定区间,这是由于第一道支撑临近地表,施工过程中堆积杂物、停放车辆会导致地表荷载上下波动。

支撑轴力大小与同一测点不同深度其他支撑的安装与拆卸有关,下一道支撑安装后,分担了同一位置不同深度的其他支撑所受的压力。下一道支撑拆除后,原本作用在该支撑上的压力由临近支撑承担,因此,临近支撑轴力会变大。从图 4-13 中可明显看出,各测点处第一道支撑在其他三道支撑拆除后,轴力在短时间内由原来 800～1 200 kN 增至 5 000～6 000 kN,支撑轴力值增加 4～6 倍。

因此,在基坑施工过程中要关注支撑拆除时的临近支撑轴力变化,及时监测轴力数据,避免给工程带来不必要的风险。在基坑支挡结构设计中不仅要考虑周围的土压力值,同时,还要考虑支撑拆除时剩余支撑的轴力变化。

4.3.4　小　　结

随着基坑开挖的进行,每道钢支撑的轴力整体上呈增大趋势;钢支撑安装之后,开挖其下部土方,对其轴力将产生明显的影响,随着支撑下土方开挖深度的逐渐增加,对上一道钢支撑轴力的影响将变小。每道钢支撑的架设或拆除对其相邻钢支撑的轴力大小产生很大影响,但对与其不相邻的钢支撑的影响却很小。

钢支撑安装过程中:当第二道支撑架设后,第一道支撑的轴力急剧减小。同样,当第三道支撑安装后,第二道支撑的轴力同样明显减小,但是第一道支撑轴力却没有明显变化,这是由于当第二(三)道支撑安装后,对其施加预应力,同时对第一道支撑预应力释放,使支护轴产生向坑外的变形,从而导致第一(二)道钢支撑轴力减小;由于第三道钢支撑与第一道钢支撑相距较远,故第三道钢支撑施加预应力对第一道钢支撑轴力几乎不产生影响。在钢支撑的拆除过程中,第三道钢支撑拆除后,使得第二道钢支撑的轴力明显增加,同样拆除第二道钢支撑后,第一道钢支撑的轴力也有增加现象。这主要是由于主体结构底板混凝土强度达到时,拆除了第三道钢支撑,而此时底板代替了第三道钢支撑,对支护桩有支撑作用,然而起第三道钢支撑作用的底板与第二道钢支撑的支撑跨度明显比原来跨度增大,从而使得第二道钢支撑轴力增加由此可见在钢支撑安装和拆除过程应加强对相邻钢支撑的监测,以防因支撑轴力突然增加导致基坑失稳,产生安全事故。

钢支撑在架设后会在短时间内进入承载状态,并趋于稳定。临近支撑的安装与拆除会影响支撑轴力的大小,安装临近钢支撑时支撑轴力得到释放,导致轴力变小,拆除临近钢支撑时,需分担拆除支撑的轴力,导致轴力变大。

4.4　考虑时间和空间变形效应的支护参数优化

4.4.1　合建段基坑支挡结构原设计方案

济南黄河隧道合建段基坑工程起点里程为公路隧道 EK0+568.128,终点里程为 EK0+974.747,基坑总长度为 406.6 m,最大宽度约 47.6 m,基础地板埋深 20.6～32.3 m,

基坑采用顺作法施工,向北接入济南黄河隧道南岸工作井基坑。

合建段基坑支挡结构采用地下连续墙加内支撑组合支护方式,地下连续墙在开挖深度相对较浅的标准段厚度为 1.0 m,在开挖深度相对较深的匝道口异型段及以北超深基坑段厚度为 1.2 m,地下连续墙的入土深度随开挖深度而变化;内支撑采用钢筋混凝土支撑和钢支撑组合使用方式,标准段基坑沿竖向设置四道支撑,墙顶设置混凝土冠梁,设置压顶梁;第一道支撑采用 800 mm×1 000 mm,混凝土支撑支撑在冠梁上,间距 7.0 m;第二道支撑采用 $\phi=609$ mm,$t=16$ mm 钢管支撑,间距 3.5 m;第三道支撑采用 800 mm×1 000 mm,混凝土支撑支撑在混凝土围檩上;第四道支撑采用 $\phi=800$ mm,$t=20$ mm 钢管支撑,间距 3.5 m。为了方便施工,在基坑上方设置 3 处横跨基坑和 2 处平行于基坑纵向的盖板,横跨基坑的盖板结构为单向板,平行基坑的盖板结构为双向板,板厚 400 mm。详细支挡结构布置,如图 4-14 所示。

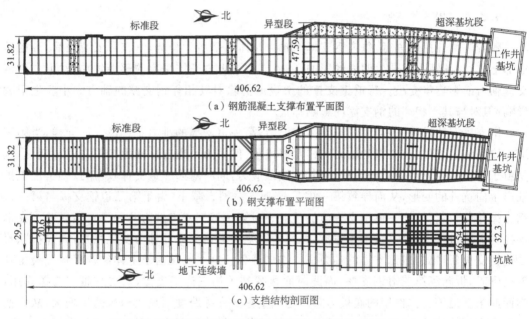

图 4-14　济南黄河隧道南岸合建段基坑支挡结构图(单位:m)

4.4.2　基于土拱效应的合建段基坑支挡结构加固优化方案

合建段基坑考虑土拱效应特征进行支挡结构加固优化,土拱形成后会改变土体的应力状态,引起应力重新分布,把作用于拱后或拱上的压力传递到拱脚及周围稳定介质中去。考虑到形成土拱效应需要土体之间产生不均匀位移或相对位移和存在支撑拱脚,现将原设计方案地下连续墙结构替换为桩板式地下连续墙结构,并在加固桩位置对内支撑进行加密布置,控制挡土墙后土体位移形成土拱效应。

济南黄河隧道合建段和工作井基坑,整体基础地板埋深 20.6~35.4 m。根据《济南市济泺路穿黄隧道工程岩土工程勘察报告》,本书取直剪试验各个分层土体内摩擦角 φ 均值 $\overline{\varphi}=16°$。结合式(3-10)求得合建段基坑与工作井基坑,形成弧形土拱的极限拱跨与开挖深度之间的关系。

合建段和工作井基坑最浅开挖深度约为 21 m,此时形成标准弧形土拱的两拱脚最大距离为 30.24 m。为控制土拱拱脚处位移形成土拱效应,在合建段和工作井基坑地下连续墙施工时,东西两侧每隔约 30 m,布置 2 m×3 m 深度为 45 m 与地下连续墙一体的型钢混凝土拱脚加固桩。为避免布置的桩体对后续主体结构施工的影响,同时,根据豆红强等[59]研究表明,桩体位于挡土墙后方,更有利于土拱效应的形成,型钢混凝土拱脚加固桩向地下连续墙后方延伸。在数值计算分析中将地下连续墙与型钢混凝土桩作为整体分析。桩板式地下连续墙结构,如图 4-15 所示。

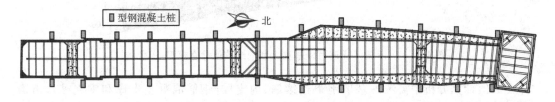

图 4-15　拱脚加固方案桩板式地下连续墙结构

为了更好地控制拱脚的土体向坑内位移,对内支撑的布置进行优化,基坑开挖产生土拱效应后土拱拱脚附近一定范围,地下连续墙变形及支撑轴力较小。因此,拆除拱脚相邻两侧的钢支撑移至拱脚加固点位置,对拱脚加固点沿纵向加密内支撑布置,具体如图 4-16 所示。

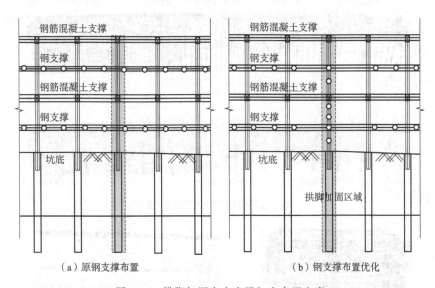

（a）原钢支撑布置　　　　　　　　　　（b）钢支撑布置优化

图 4-16　拱脚加固点内支撑加密布置方案

4.4.3　超大深基坑三维数值计算模型

1. 合建段基坑支挡结构

根据合建段设计和施工方案,建立合建段和工作井基坑的大型三维数值计算模型,考虑基坑开挖后的影响区域,模型范围:X 方向 1 000 m,Y 方向 600 m,Z 方向 100 m,具体三维数值计算模型,如图 4-17 所示。模型单元数 345.93 万,节点数 350.48 万。

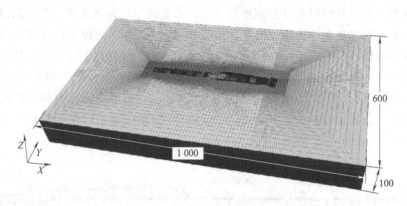

图 4-17　济南黄河隧道南岸基坑大型三维数值计算模型(单位:m)

在数值计算分析中需考虑基坑地下连续墙、内支撑(钢筋混凝土支撑和钢支撑)、格构柱和联系梁等支挡结构的作用。其中地下连续墙、钢筋混凝土支撑、格构柱和联系梁采用实体单元模拟,钢支撑采用结构单元 beam 单元模拟。在超大深基坑支挡结构优化方案数值分析中型钢混凝土桩采用实体单元模拟,地下连续墙和型钢混凝土桩模型,如图 4-18(b)所示。数值模拟计算中基坑支挡结构模型和现场照片,如图 4-18 所示。

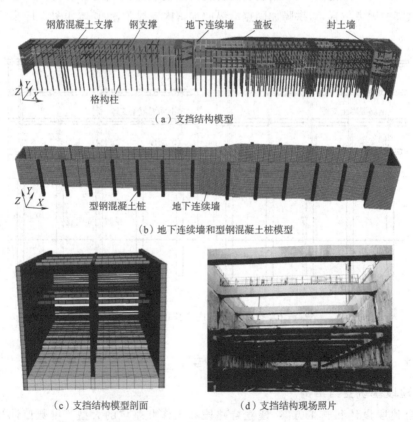

(a)支挡结构模型

(b)地下连续墙和型钢混凝土桩模型

(c)支挡结构模型剖面　　　　　(d)支挡结构现场照片

图 4-18　济南黄河隧道南岸基坑支挡结构三维数值计算模型

2. 本构模型参数取值及开挖工序

（1）本构模型选择和参数取值

土拱效应的加固优化方案中型钢混凝土桩选择弹性本构模型，型钢混凝土构件的变形主要取决于刚度，以保证构件等效前后的刚度不变，进而可以得到钢筋混凝土构件的等效弹性模量。对于受弯构件，以等效弯曲刚度相等为原则，参考《组合结构设计规范》（JGJ 138—2016）相应计算公式，见式(4-1)[60,61]。型钢与混凝土截面面积比提高可以在一定程度上提高结构弹性模量值，等效弹性模量取值按最低截面比取值为 30 GPa。

$$EI = E_c I_c + E_a I_a \tag{4-1}$$

式中，EI 为构件截面抗弯刚度；$E_c I_c$ 混凝土部分的截面抗弯刚度；$E_a I_a$ 为型钢的截面抗弯刚度。

（2）基坑开挖顺序

本节主要研究开挖阶段支挡结构变形等特征以及考虑土拱效应的加固优化方案，在数值计算分析中不再考虑支撑拆除和主体结构的施工工况。参考实际设计和施工工序，济南黄河隧道南岸基坑大型三维数值计算模型采用分流水段、分层开挖的形式，如图 4-19 所示。将合建段区域划分为 18 个流水段，工作井为单独分段，合建段各个流水段划分为 4~7 层，工作井划分为 8 层。先对工作井基坑进行开挖，工作井分段仍按照开挖顺序开挖，合建段在工作井开挖完成后分段分层开挖，结合现场施工工序，本次计算中具体流水段划分及开挖次序，如图 4-19 和表 4-3 所示。

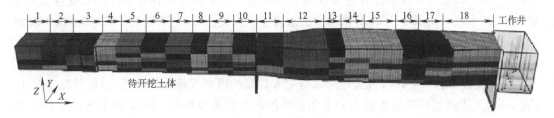

图 4-19　合建段流水段划分示意图

表 4-3　分段分层开挖工况次序表

分层	流水段划分																	
	1	2	3	4	5	6	7	8	9	10	11	12	13	14	15	16	17	18
1	67	1	2	3	4	5	6	7	14	15	26	27	30	31	32	33	41	42
2	74	52	8	9	10	11	12	13	25	38	39	40	56	57	58	44	43	45
3	87	75	18	19	20	16	21	17	37	50	54	55	68	69	70	60	46	61
4	89	86	24	22	23	29	35	36	49	53	62	63	76	77	85	64	65	66
5					28	34	47	48	51	59			78	79	90	80	71	72
6														88	91	84	82	73
7																	83	81

注：表中 1~91 为合建段基坑开挖顺序，即工况 1~91。

4.4.4　基坑支挡结构优化方案与原设计方案对比分析

1. 地下连续墙深层水平位移、内支撑轴力和地表沉降对比

结合现场监测数据,选择合建段标准段和工作井部分地下连续墙深层水平位移、内支撑轴力和地表沉降测点,与数值计算分析结果及优化布置方案进行对比分析,现场监测点的选取位置,如图 4-20 所示。

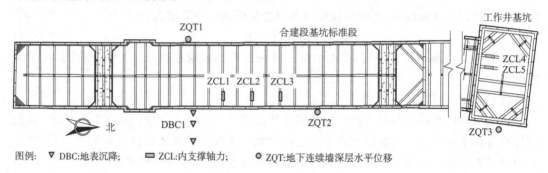

图例:　▽ DBC:地表沉降;　▭ ZCL:内支撑轴力;　◉ ZQT:地下连续墙深层水平位移

图 4-20　监测点布置示意图

根据现场施工进展和监测数据选择开挖工况 10(表 4-3),此时,数值计算工况与现场施工工况基本一致。工况 10:工作井基坑开挖完成,合建段基坑第 2 流水段开挖深度为 7m,支撑架设 1 道,第 3、4 流水段开挖深度为 13 m,第 5 流水段开挖深度为 10 m,支撑架设 2 道;第 6 流水段开挖深度约 6 m,第 7、8 流水段开挖深度 7 m,支撑架设 1 道,其他流水段未开挖,开挖工况如图 4-21 所示。提取实际地下连续墙深层水平位移测点 ZQT2 和 ZQT3 数值计算结果与实测数据对比,如图 4-22 所示。

反演土体参数对合建段及工作井基坑超大深基坑模型进行计算分析,对比开挖工况 10(表 4-3),工作井基坑东侧测点 ZQT3 和合建段第 8 流水段测点 ZQT2 地下连续墙深层水平位移。通过图 4-22 可以看出土体参数取值合理,围护结构变形与实际工程基本一致,表明土体参数反演结果取值合理;对比开挖工况 10 测点 ZQT2 原支挡结构设计施工方案与拱脚加固内支撑优化方案,通过在拱脚位置施作型钢混凝土加固桩,数值计算分析发现地下连续墙深层水平位移最大值减小约 5.9 mm,地下连续墙变形最大值相比于原设计方案减小约 45%。地下连续墙与型钢混凝土桩连接形成整体也极大地提高了地下连续墙的整体刚度,同时三维土拱效应的形成,导致上方土体水平土压力增大,地下连续墙顶部向坑内位移增加,可能使第一道支撑轴力增大。

分别选择开挖工况 10(表 4-3),具有代表性的第一道支撑(钢筋混凝土支撑)和第二道支撑(钢支撑)现场监测轴力数据(图 4-23 中 ZCL*-1 代表第一道支撑),然后结合数值模拟计算结果。可以看出合建段基坑开挖后第一道支撑钢筋混凝土支撑承压较大,为第二道钢支撑的 4~5 倍,并且已经达到红色预警;对比工作井基坑首撑轴力值,可以看出基坑开挖长度增加,内支撑轴力值增长显著;并且采用拱脚加固优化方案会进一步增加第一道支撑的轴力值,在实际设计施工中应考虑增加第一道支撑轴力设计值。

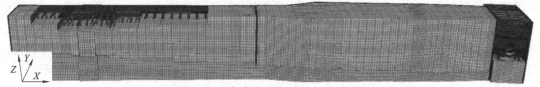

图 4-21　合建段开挖工况 10 示意图

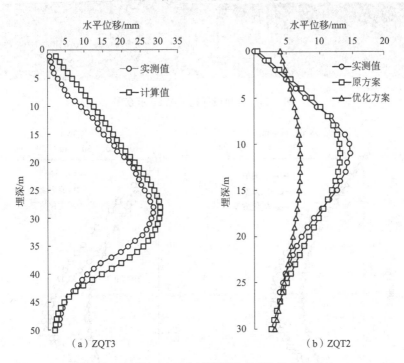

（a）ZQT3　　　　　　　　　　　（b）ZQT2

图 4-22　工况 10 地下连续墙深层水平位移曲线对比

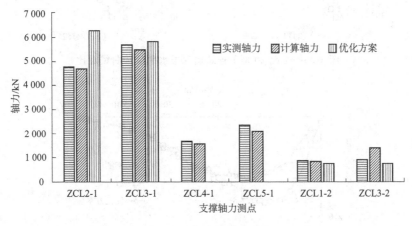

图 4-23　内支撑轴力对比

结合现场施工工序选择开挖工况 20（表 4-3），此时，工作井基坑开挖完成，合建段基坑第 2 流水段开挖深度为 7 m，支撑架设 1 道，第 3、4 流水段开挖深度 17 m，支撑架设 3 道，第

5、6 流水段开挖深度 14 m,支撑架设 3 道,第 7 流水段开挖深度约 12 m,支撑架设 2 道,第 8 流水段开挖深度 19 m,支撑架设 3 道,第 9、10 流水段开挖深度为 7 m,支撑架设 1 道,其他流水段未开挖,工况如图 4-24 所示。提取实际地下连续墙深层水平位移测点 ZQT1 和 ZQT2 以及地表沉降测点 DBC1 的数值计算结果,并与实测数据对比,结果如图 4-25 和图 4-26 所示。

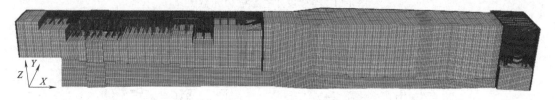

图 4-24   合建段开挖工况 20 示意图

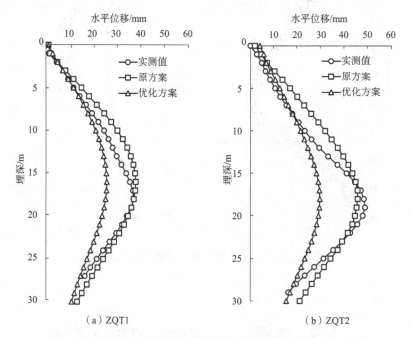

（a）ZQT1   （b）ZQT2

图 4-25   工况 20 地下连续墙深层水平位移曲线对比

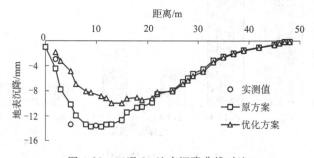

图 4-26   工况 20 地表沉降曲线对比

对比开挖工况 20(表 4-3)不同测点地下连续墙深层水平位移,如图 4-25 所示。位于开挖段的第 4 流水段基坑测点 ZQT1,开挖深度为 17 m 时,原方案该点地下连续墙最大变形量为

37.74 mm,采用优化方案地下连续墙深层水平位移最大值为 25.70 mm,减小约12 mm,优化方案约为原方案的 68.07%;ZQT2 位置开挖深度至 19 m 时,测点位置地下连续墙深层水平位移最大值为 48.70 mm,最大变形深度位于基坑开挖面附近(19～20 m)。地下连续墙深层水平位移现场监测与数值计算结果形态稍有差异,但最大水平位移量基本一致。加固优化方案该工况下两测点地下连续墙最大变形量为 29.65 mm,为原设计开挖方案最大变形量的 60.8%。通过对支挡结构原方案和优化方案的对比,可以看出考虑土拱效应的拱脚加固措施可以大大减小基坑围护结构的变形,提高超大深基坑施工过程的稳定性和安全性。

对比开挖工况 20(表 4-3)第 4 流水段地表沉降测点 DBC1,基坑开挖至 17 m 时。深度地表沉降最大值为 13.61 mm,最大沉降点距离基坑边墙 10 m 约为 0.59 倍的开挖深度,基坑影响范围约为 2 倍开挖深度。优化方案地表沉降最大值为 10.03 mm,通过控制围护结构的变形,在一定程度上减小了基坑开挖对周边地表沉降的影响。

由于本研究主要关注超大深基坑施工过程中支挡结构的稳定性和安全性,所以在数值计算分析中没有考虑主体结构的施工和拆撑换撑等施工工序。下面对比分析在不考虑分段建造主体结构,仅考虑支挡结构作用,基坑全部开挖完成极限状态下(图 4-27),原设计方案和优化方案地下连续墙深层水平位移情况。

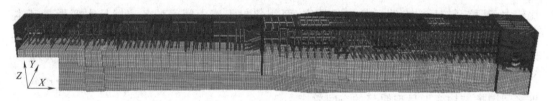

图 4-27　合建段开挖完成示意图

基坑优化方案是在基坑极限拱跨土拱拱脚位置设置型钢混凝土桩并加密了内支撑布置,所以在基坑开挖后最大围护结构最大变形位置位于两桩中间位置,如图 4-28 所示。分别提取支挡结构加固优化方案和原设计方案两桩中间位置地下连续墙深层水平位移最大值,统计结果见表 4-4,表中数据为桩南侧地下连续墙深层水平位移最大值。地下连续墙变形云图,如图 4-29 所示。

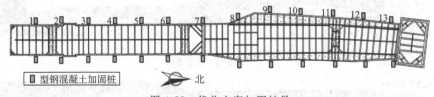

图 4-28　优化方案加固桩号

（a）原设计方案

图 4-29

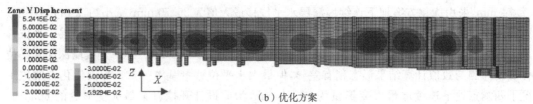

（b）优化方案

图 4-29　地下连续墙深层水平位移云图

表 4-4　地下连续墙深层水平位移最大值对比

桩号	地下连续墙深层水平位移 /mm												
	1	2	3	4	5	6	7	8	9	10	11	12	13
原方案	65.2	70.1	63.5	89.9	93.7	82.7	67.8	47.0	39.9	80.8	70.4	83.1	59.9
优化方案	41.5	46.6	42.9	51.2	53.5	51.7	54.2	40.2	35.2	58.3	53.6	59.0	40.1
差值	23.6	23.6	20.5	38.7	40.2	31.0	13.6	6.8	4.7	22.5	16.8	24.1	19.8
差值比%	36.2	33.6	32.4	43.1	42.9	37.5	20.0	14.5	11.8	27.8	23.8	29.0	33.1

通过表 4-4 可以看出原设计开挖方案在基坑全部开挖完成后地下连续墙最大变形可以达到 80～90 mm，原方案最大变形位置主要集中在两相邻封土墙中间区域，由于基坑长深比较大，基坑开挖后没有明显的空间效应，两相邻封土墙中间区域各位置最大变形量基本一致，如图 4-29（a）所示。采用加固拱脚、调整内支撑的支挡结构优化设计方案，地下连续墙两桩间区域深层水平位移最大位移量为 40～60 mm，相比于原设计方案最大减少 40.2 mm，降低约 43%，优化方案地下连续墙深层水平位移云图，如图 4-29（b）所示，两相邻桩之间围护结构变形呈现明显的空间效应。

2. 水平土压力分布特征及动态演化规律

为了分析采用加固优化方案土压力分布特征，分别提取原设计开挖方案和加固优化方案开挖完成时埋深 20 m 水平土压力分布云图，如图 4-30 所示。

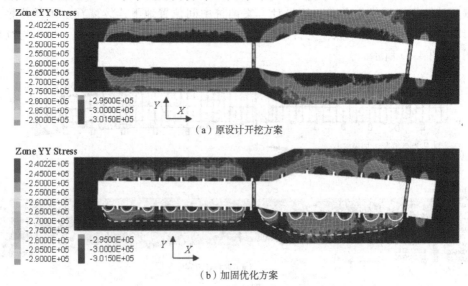

（a）原设计开挖方案

（b）加固优化方案

图 4-30　埋深 20 m 水平 Y 方向应力云图

　　原设计开挖方案 Y 方向水平应力云图,如图 4-30(a)所示,在基坑开挖后,由于支挡结构整体产生大范围变形,侧向土压力因为卸荷作用产生大面积的应力降低区;采用拱脚加固优化设计方案,在基坑开挖后,围护结构后方土体应力降低区可以分成两部分,首先是由于加固桩附近与两加固桩之间,土体不均匀位移产生的土拱效应区域,该区域水平土压力由于卸荷和应力转移产生一个个拱形应力降低区,如图 4-30(b)中白线标记,另一个应力降低区是由于围护结构整体向坑内变形卸荷,产生大面积的应力降低区,该区域形态与原设计开挖方案基本一致,但影响范围比原设计开挖方案小。可以看出采用拱脚加固优化设计方案,能够形成土拱效应并且有效地利用了土拱效应特征,降低了因基坑开挖产生的扰动应力场影响范围。

　　为了进一步对比优化方案中土拱效应影响下水平土压力演化与原方案的区别,分别提取优化方案 4 号、10 号加固桩附近,3、4 号桩和 9、10 号桩中间区域(图 4-28)和原设计方案 3、4 号桩和 9、10 号桩中间区域对应位置,埋深 20 m 水平方向土压力随地下连续墙深层水平位移的变化数据。研究加固桩附近与两相邻桩中间区域土压力在基坑开挖后,由于产生相对位移引起的土压力变化规律,如图 4-31 所示。

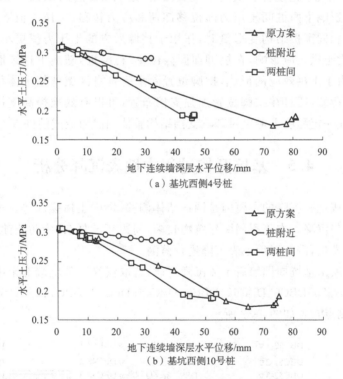

图 4-31　土压力随地下连续墙深层水平位移变化规律

　　通过图 4-31 可以看出在相同深度水平,加固桩附近与两桩之间土压力变化规律明显不同。加固桩附近区域土体产生较大位移卸荷后,水平土压力下降不明显或几乎无变化,然而两桩之间土体位移卸荷后水平土压力值明显下降,不受土拱效应影响的原设计方案应力下降速率位于两者之间。

　　结合图 4-31(a)可以看出,4 号加固桩埋深 20 m 水平处,在墙后土体向坑内位移 30 mm 时,优化方案桩附近水平土压力约为 0.29 MPa,相比静止土压力下降约 0.02 MPa,两桩之间水平土压力约为 0.23 MPa,相比静止土压力下降约 0.08 MPa,原方案两桩之间水平土压力约为 0.25 MPa,相比静止土压力下降约 0.06 MPa,在墙后土体向坑内位移 30 mm 时,优化方案桩附近水平土压力约为两桩间水平土压力的 1.26 倍,约为原设计方案的 1.16 倍。

通过图 4-31(b)可以看出,10 号加固桩埋深 20 m 水平,在墙后土体向坑内位移 30 mm 时,优化方案桩附近水平土压力约为 0.29 MPa,相比静止土压力下降约 0.02 MPa,两桩之间水平土压力约为 0.24 MPa,相比静止土压力下降约 0.07 MPa,原方案两桩之间水平土压力约为 0.25 MPa,相比静止土压力下降约 0.06 MPa,在墙后土体向坑内位移 30 mm 时,优化方案桩附近水平土压力约为两桩间水平土压力的 1.20 倍,约为原设计方案的 1.16 倍,其他加固桩区域与两桩之间土压力变化也具有相同规律。

根据土拱效应影响下土压力分布特征,分析产生这种现象的主要原因可能是由于加固桩附近土体与两桩之间土体具有相对位移差,产生土拱效应造成应力转移,使原来作用于两桩之间的土压力转移至土拱拱脚(加固桩)位置。

从土压力演化规律角度分析其对基坑支挡结构影响,通过图 4-31 可以看出,采用优化方案在土拱效应影响下两桩间土压力随位移卸荷和应力转移,土压力值下降速率较快,相比于原方案处于相同围护结构变形量时,作用于挡墙后方的土压力值更小,更有利于基坑支挡结构稳定;受土拱效应影响,在拱脚加固区位置(桩附近)随地下连续墙变形土压力值下降平缓,这是由于土拱效应的形成,拱脚位置除承受自身区域外侧土体荷载外还会分担两桩间土体部分荷载,通过在拱脚位置加强支挡布置,可以有效地提高支挡结构的整体稳定,同时也可以在一定程度上避免对基坑支挡结构整体加固而造成的许多不必要浪费。

4.5　基坑开挖过程中地表沉降分析

基坑施工造成地表沉降的主原因是围护墙体侧移、坑内土体隆起等。可能造成基坑周围土体发生不均匀沉降。本工程周围建筑物较多,周边环境复杂,为防止建筑物开裂,地下管线破裂等事故发生,需对墙后地表沉降进行监测。

为了完整反映出基坑周围墙后土体沉降规律,选取汽修厂基坑端部至中部 4 个剖面,8 个测点 DBC1、DBC56、DBC5、DBC52、DBC9、DBC48、DBC13、DBC44,并对动态数据进行分析,周边沉降监测点布置如图 4-32 所示。

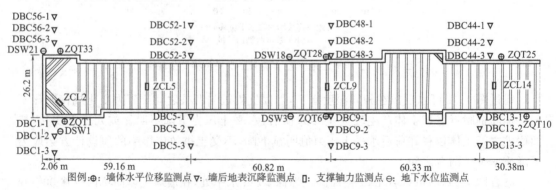

图 4-32　汽修厂基坑周边沉降监测点布置示意

4.5.1 地表沉降监测数据

选取基坑端部至中部 4 个剖面,8 个测点 DBC1、DBC56(图 4-33);DBC5、DBC52(图 4-34);DBC9、DBC48(图 4-35);DBC13、DBC44(图 4-36);并对动态数据进行分析。其中 DBC1、DBC56 布置在距离基坑端部 3.42 m 处,DBC5、DBC52 布置在距离基坑端部 63.46 m 处,DBC9、DBC48 布置在距离基坑端部 123.45 m 处,DBC13、DBC44 布置在距离基坑端部 183.42 m 处,以上测点均匀分布在基坑端部至中部的东西两侧。且每处均布置 3～5 个测点,能够全面反映基坑地下连续墙后方土体的地表沉降情况。

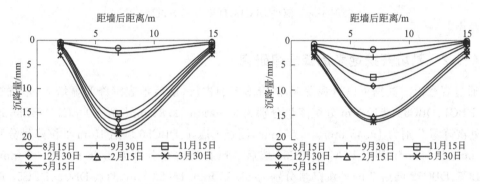

图 4-33 测点 DBC1、DBC56 地表沉降

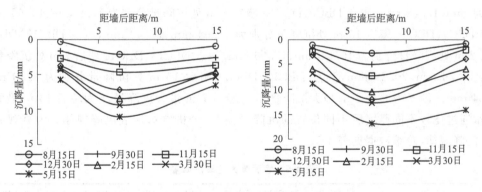

图 4-34 测点 DBC5、DBC52 地表沉降

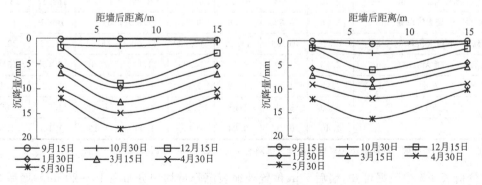

图 4-35 测点 DBC9、DBC48 地表沉降

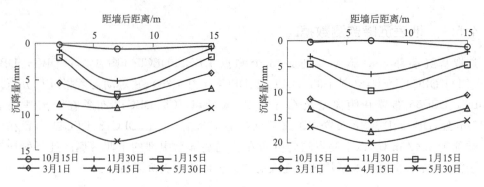

图 4-36　测点 DBC13、DBC44 地表沉降

4.5.2　基坑开挖地表沉降规律研究

通过观察以上数据可以直观发现,随着施工的进行,墙后地表沉降明显增大,基坑端部测点 DBC1、DBC56 墙后 2 m 处沉降量分别为 3.96 mm、2.83 mm,测点 DBC1、DBC56 墙后 7 m 处沉降量分别为 19.45 mm、16.65 mm,测点 DBC1、DBC56 墙后 15 m 处沉降量分别为 2.83 mm、4.24 mm;测点 DBC5、DBC52 墙后 2 m 处沉降量分别为 6.36 mm、9.22 mm,测点 DBC5、DBC52 墙后 7 m 处沉降量分别为 11.36 mm、18.23 mm,测点 DBC5、DBC52 墙后 15 m 处沉降量分别为 6.75 mm、14.25 mm,测点 DBC9、DBC48 墙后 2 m 处沉降量分别为 11.94 mm、12.42 mm,测点 DBC9、DBC48 墙后 7 m 处沉降量分别为 17.9 mm、16.65 mm,测点 DBC9、DBC48 墙后 15 m 处沉降量分别为 11.64 mm、10.43 mm,测点 DBC13、DBC44 墙后 2 m 处沉降量分别为 10.81 mm、17.06 mm,测点 DBC13、DBC44 墙后 7 m 处沉降量分别为 14.26 mm、20.29 mm,测点 DBC13、DBC44 墙后 15 m 处沉降量分别为 9.46 mm、15.84 mm。设 a 为墙后 2 m 最大沉降量,b 为墙后 7 m 最大沉降量,c 为墙后 15 m 最大沉降量,通过比较不同测墙后不同位置的沉降量关系,分析坑边地表沉降规律。为直观分析地表沉降规律,总结数据见表 4-5。

表 4-5　墙后最大地表沉降量

测点	DBC1	DBC56	DBC5	DBC52	DBC9	DBC48	DBC13	DBC44
与端部距离/m	2.06	2.06	61.22	61.22	122.04	122.04	182.37	182.37
墙后 2 m 最大沉降量/mm	3.96	3.37	6.36	9.22	11.94	12.42	10.81	17.06
墙后 7 m 最大沉降量/mm	19.48	16.65	11.36	18.23	17.90	16.65	14.26	20.29
墙后 15 m 最大沉降量/mm	2.83	4.24	6.75	14.25	11.64	10.43	9.46	15.84
b/a	4.92	4.94	1.79	1.98	1.50	1.34	1.32	1.19
b/c	6.88	3.93	1.68	1.28	1.54	1.60	1.51	1.28
a/c	1.40	0.79	0.94	0.65	1.03	1.19	1.14	1.08

注:a 为墙后 2 m 最大沉降量;b 为墙后 7 m 最大沉降量;c 为墙后 15 m 最大沉降量。

分析表 4-5 中数据可知,墙后 7 m 位置处地表沉降量均匀分布在 10~20 mm,墙后 2 m 与 15 m 位置处地表沉降量由基坑端部向基坑中部逐渐增大。b/a 和 b/c 的值基本相同且由基坑端部向基坑中部比值逐渐减小并趋近于1，a/c 的值始终稳定在1左右。说明墙后 2 m、15 m 位置处地表沉降量相差不大且距离基坑端部越远，沉降量越大。

4.6　地表沉降理论

随着城市轨道交通的发展，富水地区地铁深基坑降水开挖引发的工程问题时有发生，引起广泛关注。《建筑基坑支护规程》与《建筑深基坑工程施工安全技术规范》中均提到了基坑工程施工过程中地面沉降的计算方法，很多学者也通过现场试验、数值模拟等手段对此开展过相关研究。

影响基坑工程地表沉降的因素可分为降水和开挖两个部分，为保证基坑施工处于一个干燥的环境，需进行基坑降水，降水过程中，土体内的有效应力增加，会诱发地表沉降；开挖过程中，开挖部分土体的自重应力得到释放，坑内外作用在围护结构上的压力差逐渐增大，导致围护结构发生形变，从而导致墙后土体发生沉降。

前人的研究工作及规范中对于降水作用诱发的地表沉降的计算，均只根据 dupuit 降水曲线，考虑降水前后土体自重应力的变化，并未考虑围护结构或止水帷幕等对地下水流动的阻碍作用，也未考虑渗流力导致的有效应力变化情况及围护结构对土体沉降的约束作用。本文在前人的基础上进一步考虑地下连续墙的挡水作用、渗流力引起的有效应力变化和围护结构对土体沉降的约束影响，尝试提出一种更加准确的可以计算降水开挖引起基坑外地表沉降的方法。在考虑墙后土体填充围护结构发生偏移部分体积的基础上，尝试提出开挖导致的地表沉降曲线。

4.6.1　降水引起的地表沉降

当基坑开挖深度较深或地下水赋存丰富的情况下，基坑外地表沉降是由开挖和降水两部分工作共同造成的，基坑施工之前，首先需要布置地下连续墙或止水帷幕等切断基坑内外地下水的联系，然后进行降水工作，使基坑内水位降低至设计降深时，再进行下一步施工。在降水作用及围护结构挡水作用耦合作用下，墙后地表沉降会有一定的规律。

基本假设：

（1）仅考虑土体骨架主固结现象。

（2）按照规范规定，沉降计算深度取至附加应力小于 0.2 倍自重应力处。

（3）紧邻地下连续墙处土体受围护结构约束作用沉降为 0。

1. 降水引起的地表沉降规范算法

《建筑基坑支护规程》与《建筑深基坑工程施工安全技术规范》中提到的降水引起地面沉降的计算方法，是目前国内降水引发地面沉降计算的主要依据，两者都是基于分层总和法对地面沉降进行估算。

$$S = \sum \frac{\Delta p_i}{E_i} H_i \qquad (4\text{-}2)$$

式中，S 为降水作用导致的地表沉降；Δp_i 为第 i 层土降水作用引起的有效应力增量；E_i 为第 i 土层的压缩模量；H_i 为第 i 土层的厚度。

下面对该方法进行详细说明，如图 4-37 所示：H 为含水层厚度；h 为降水后水位线与含水层底板的距离；S_0 为干土区域；S_1 区为由于降水作用产生的疏干区；S_2 区为饱和区。土体内有效应力发生改变的原因是由于降水作用引起 S_1 区域内的土体逐渐被疏干，不同区域内有限应力变化量均不相同。

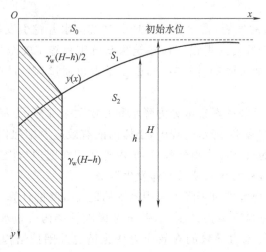

图 4-37   疏干作用下有效应力增量分布图

降水工作前后，S_0 区域内的土体处于地下水位面以上，因此 S_0 区域内的有限应力不受降水影响。

由于降水作用，原本处于水平的水位线会逐渐形成降水漏斗曲线，降水曲线将土体划分为疏干区与饱和区两个部分，降水作用会导致土体内有效应力的增加。

在疏干区 S_1 内，在降水工作中，降水过程是动态的，降水曲线是经过变化最终稳定的，疏干区在计算水位变化时，取土层中点至水位面的距离，即 $(H-h)/2$。

在饱和区 S_2 内，土体始终处于饱和状态，降水曲线高度 $y=H-h$ 即 y 为水位变化。

降水曲线以上的疏干区内有效应力增量可表示为

$$\Delta\sigma_1 = \gamma_w(H-h)/2 \tag{4-3}$$

土层在附加应力条件下产生的沉降为

$$S_1 = \sum \frac{\Delta\sigma_1}{E_i} H_i \tag{4-4}$$

降水曲线以下的饱和区内有效应力增量可表示为

$$\Delta\sigma_2 = \gamma_w(H-h) \tag{4-5}$$

土层在附加应力条件下产生的沉降为

$$S_2 = \sum \frac{\Delta\sigma_2}{E_i} H_i \tag{4-6}$$

因此，基坑降水作用导致土体自重应力变化引起的地表沉降为

$$S = S_1 + S_2 \tag{4-7}$$

2. 考虑围护结构条件下降水曲线选择

上述规范算法适用于开挖深度较浅，降水井布置在基坑外或不考虑围护结构挡水作用

下地表沉降的计算,并不适用于开挖深度较深坑内布置降水井的基坑,相比于无围护结构,有围护结构情况下坑内降水时,基坑内外水力联系被地下连续墙或降水帷幕切断,坑内与坑外的降水曲线不再连续,坑外水位不再是无约束条件下自由流动,因此实际的地下水位会高于 dupuit 曲线(图 4-38)。

随着基坑工程的发展,基坑深度逐渐加大,对地下水的保护和围护结构稳定的需求逐渐提高,大部分工程使用坑内布置降水井的手段,dupuit 降水曲线已不再适合当作计算基坑工程地表沉降所用的降水曲线。但是目前墙后降水曲线并未有准确的理论计算公式。

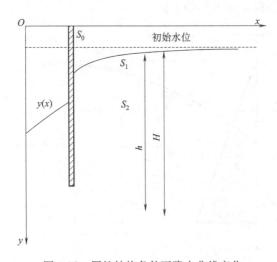

图 4-38　围护结构条件下降水曲线变化

本文选择杨清源等人对深圳典型潜水地层地铁车站基坑降水引起水位变化机理的试验研究,提出坑外降水曲线方程,即

$$h = H + \frac{h_w - H}{1 + \left(\dfrac{x}{2.45\sqrt{k\,H_a}}\right)^{2.8}} \tag{4-8}$$

式中,h 为距离围护结构 x 处土层的含水厚度,m;h_w 为降水稳定后,紧贴围护结构处含水层厚度,m;k 为土层渗透系数,m/d;H_a 为基坑内降水有效影响深度,m。

因此使用上述拟合方程替换坑外地表沉降计算公式中 dupuit 降水曲线可减小计算误差,使结果更加贴合实际。

4.6.2　考虑渗透力及摩擦力影响下的地表沉降计算方法

1. 渗流作用

在基坑工程中,由于施工需要,基坑在开挖前通常需要进行降水处理,这会造成基坑内外产生水头差,导致地下水发生流动,在围护结构前后产生水位差,发生渗流,土体中的流动水在水头压力作用下,会产生作用在土体颗粒上的拖拽力,方向与水流方向一致,促使土粒有向渗流方向运动的趋势,渗透力能够影响土体的有效应力,是引起土体平衡状态发生变化的原因之一,但目前在地表沉降计算过程中,并未考虑到渗透力,这样的计算方法是不符合实际的。目前普遍认为,由于渗透力直接作用在土体上影响土体的有效应力,故考虑渗流条件下求得地表沉降时,应将渗透力与土体有效应力在竖直方向上叠加,渗流作用下有效应力增量分布图如图 4-39 所示。

渗透力 f_s 是体积力,计算土体有效应力时可以与土体的有效容重叠加(图 4-45),与水力梯度 i 成正比,作用方向与渗流方向一致,计算公式为

$$f_s = \gamma_w i \tag{4-9}$$

平均水力梯度为 $i = \dfrac{h}{h + 2h_d}$,式中,h 为挡土结构两侧水头差,$h + 2h_d$ 为渗径,在地下连续墙后,渗透力方向沿降水曲线切线方向。

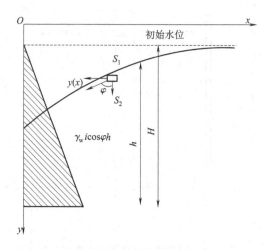

图 4-39　渗流作用下有效应力增量分布图

渗透力 f_s 可以分解为水平和竖直方向两个分量,即 f_{sx} 和 f_{sy} ,设 f_{sy} 与 f_s 的夹角为 φ 。地下连续墙后 X m 处,即横坐标为 x 处渗流力的方向与降水曲线 $y(x)$ 导数 $y'(x)$ 方向相同,渗流力竖直方向分量表达为

$$f_{sy} = f_s \cos \varphi = f_s \frac{\cot \varphi}{\sqrt{1 + \cot^2 \varphi}} \tag{4-10}$$

降水曲线的导数 $y'(x)$ 即为 $\cot \varphi$ 。

降水曲线以下的土体因渗透力垂直分量而产生的有效应力增量为

$$\Delta\sigma = f_{sy}h \tag{4-11}$$

因渗流力导致的地表沉降计算公式为

$$S_2 = \sum \frac{\Delta\sigma}{E_i} H_i \tag{4-12}$$

2. 围护结构约束作用

在富水区域进行基坑施工时,为了防止基坑降水困难,在降水工作前,大部分工程都会设置止水帷幕切断基坑内外的地下水力联系,以防抽水量过大,保护地下水。基坑的止水帷幕或地下连续墙会与周围土体之间产生摩擦阻力,该阻力会在墙后一定范围内约束土体的垂直方向位移。

规范算法中地表沉降的计算并未考虑围护结构的约束作用,在实测数据中,墙后一定

范围内地表沉降值随距离的增加先逐渐增大后逐渐减小,这与规范算法中地表沉降值随墙后距离的增大而逐渐减小规律不符。这就是由于基坑围护结构与土体的摩擦作用,使得该阻力在一定范围内会对土体沉降起到一定的约束作用,因此会导致地表沉降值随距离增加出现先增大后减小的现象。

本文默认紧贴围护结构处降水作用导致的地表沉降为 0,且围护结构对土体的约束作用范围为 2 倍降水深度。在约束范围内,地表沉降是由自重应力变化、降水作用及围护结构约束作用共同控制,紧贴围护结构处土体不发生沉降,剪切力 τ_0 即为降水作用导致的有效应力变化,距离围护结构越远处,围护结构对土体起到的约束作用越小,剪切力 τ 越小,直至与围护结构距离为 2 倍降水深度处,剪切力衰减至 0。剪应力在土中的传递,如图 4-40 所示。

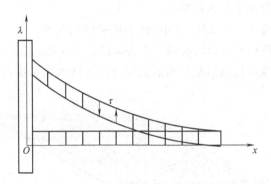

图 4-40　剪切力在土体中的传递示意图

墙后 2 倍降水深度内,距离围护结构 X m 处任一点处围护结构对土体的剪切约束力为

$$\tau = \tau_0 \Big[1 - \frac{x}{2(H-h)}\Big] \tag{4-13}$$

由于默认紧贴地下连续墙处不发生地表沉降,故 τ_0 等于墙后处有效应力变化的和,即

$$\tau_0 = \gamma_w (H-h)/2 + \gamma_w (H-h) + f_{sy}h \tag{4-14}$$

设在剪应力作用下的剪应变为 γ,S_3 为剪切力作用下发生的纵向位移,则有

$$\gamma = \frac{\tau}{G_s} = \frac{dS_3}{dx} \tag{4-15}$$

所以

$$dS_3 = \frac{\tau}{G_s} dx \tag{4-16}$$

式中,x 为与围护结构的距离,$0 < x < 2(H-h)$;G_s 为剪切模量,可表示为 $G_s = \dfrac{1}{2(1+\mu)} E_s$,则有

$$S_3(x) = \int_x^{2(H-h)} \frac{\tau}{G_s} dx = \int_x^{2(H-h)} \frac{\tau_0}{G_s} \Big[1 - \frac{x}{2(H-h)}\Big] dx \tag{4-17}$$

通过以上分析可知,基坑降水工作导致的地表沉降可分为三个部分,即土体自重应力变化导致的地表沉降、渗流力导致的地表沉降及围护结构对墙后一定范围内土体的约束作用,因此,降水工作导致的地表沉降为

$$S = S_1 + S_2 - S_3 \tag{4-18}$$

4.6.3　开挖引起的地表沉降

根据工程实践经验,地表沉降的两种典型曲线为三角形沉降曲线和凹槽形沉降曲线。三角形沉降曲线主要发生在地层较软弱且墙体入土深度又不大时,墙底处有较大的水平位移,墙体旁边则出现较大的地表沉降;凹槽形沉降曲线主要发生在有较大的入土深度或墙底入土在刚性较大的地层内,墙体的变位类同于梁的变位,此时地表沉降的最大值不是在墙边,而是位于距墙一定距离的位置处。随着与地下连续墙距离的增加,地表沉降量先增加后减小,最后趋近于 0,本文主要对凹槽形沉降曲线进行研究,开挖引起的地表沉降如图 4-41 所示。

基本假设:

(1)地表沉降曲线为正态分布函数。

(2)地表沉降范围为: $x_0 = 2H$,式中, H 为围护结构深度。

(3)墙体最大水平位移 $y_{\max}$ 为墙后最大地表沉降的 1.4 倍: $y_{\max} = 1.4 z_{\max}$ 。

(4)支护结构位移曲线包络面积与地表沉降曲线包络面积关系: $\beta W_1 = W_2$ 。

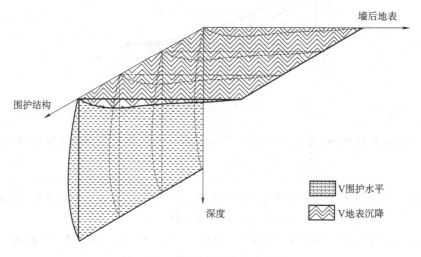

图 4-41　开挖引起地表沉降示意图

1. 支护结构位移曲线包络面积

地下连续墙水平方向位移是现场重要的监测项目之一,根据现场监测可以获得某一断面地下连续墙的最大变形位置 Z_m 与最大变形量 Y_m,通过数据拟合可以得出围护结构的水平方向位移曲线。对围护结构的水平方向位移曲线进行积分,便可获得围护结构水平方向位移面积。基坑内部开挖卸荷后围护结构在墙后土压力的作用下发生水平方向位移,墙后土体向基坑坑内位移填充这部分面积,便会导致墙后一定范围内发生非均匀地表沉降,如图 4-42 所示。

支护结构水平最大位移点可由现场监测获得 (y_m, z_m),采用墙顶修正水平位移的方法,设墙顶不发生水平位移,即位移曲线过原点 $(0,0)$ 。

设支护结构位移曲线抛物线顶点式为

$$y(z) = a\,(z - z_m)^2 + y_m \tag{4-19}$$

由于采用墙顶修正方法,过原点(0,0),代入方程得

$$a = -\frac{y_m}{z_m^2} \tag{4-20}$$

支护结构侧向位移曲线包络面积:

$$W_1 = \int_0^H y(z)\,\mathrm{d}z = \int_0^H -\frac{y_m}{z_m^2}\,(z - z_m)^2 + y_m\,\mathrm{d}z \tag{4-21}$$

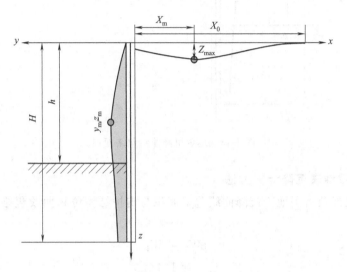

图 4-42 支护结构水平位移包络面积

2. 地表沉降位移曲线包络面积

根据大量学者对基坑开挖导致地表沉降的研究以及对大量工程现场监测数据的拟合,得出结论为,开挖作用导致的墙后凹槽形沉降曲线可用正态分布函数表示,即

标准正态分布函数:
$$\varphi(x) = \frac{1}{\sqrt{2\pi}}\,\mathrm{e}^{-\frac{x^2}{2}} \tag{4-22}$$

概率密度:
$$\varphi(x) = \int_{-\infty}^{x} \frac{1}{\sqrt{2\pi}}\,\mathrm{e}^{-\frac{x^2}{2}}\,\mathrm{d}x \tag{4-23}$$

标准正态分布曲线与凹槽形地表沉降曲线相似。因此可将凹槽形地表沉降曲线看作修正后的正态分布曲线,即

$$z(x) = z_{max}\,\mathrm{e}^{-\pi\left(\frac{x-x_m}{r}\right)^2} \tag{4-24}$$

式中,z_{max} 为墙后最大沉降值,m;x_m 为墙后最大地表沉降处于地下连续墙距离,m;r 为沉降范围影响半径,可 $r = x_0 - x_m$。

得到墙后沉降曲线之后,对紧贴墙后至沉降影响主要范围内进行积分,得到沉降曲线包络面积,如图 4-43 所示。

$$W_2 = \int_0^{x_0} z(x)\,\mathrm{d}x = \int_0^{x_0} z_{max}\,\mathrm{e}^{-\pi\left(\frac{x-x_m}{r}\right)^2}\,\mathrm{d}x \tag{4-25}$$

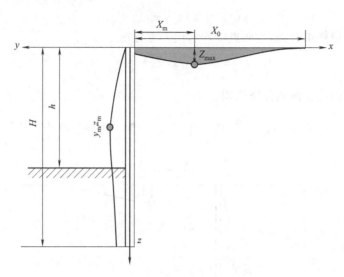

图 4-43   地表沉降曲线包络面积

3. 开挖导致地表沉降计算方法

上述方法已经获得了地表沉降曲线包络面积与支护结构位移曲线包络面积,根据工程经验可知

$$\beta W_1 = W_2$$
$$y_{max} = 1.4 z_{max} \tag{4-26}$$

$$\beta \int_0^H - \frac{y_m}{z_m^2}(z - z_m)^2 + y_m dz = \int_0^{x_0} \frac{y_{max}}{1.4} e^{-\pi \left(\frac{x - x_m}{x_0 - x_m}\right)^2} dx$$

根据上式可以解得:$z(x) = z_{max} e^{-\pi \left(\frac{x - x_m}{r}\right)^2}$ 中的 x_m,带回 $z(x) = z_{max} e^{-\pi \left(\frac{x - x_m}{r}\right)^2}$,进而可确定墙后任一点地表沉降值。

4.6.4   工程验证

济南黄河隧道工程是"三桥一隧"跨黄设施的重要组成部分,也是黄河上第一条公路地铁合建的隧道。该通道的规划建设有利于加强济南黄河段南北两岸的联系,增加跨黄通道的密度,同时能有效地分流既有过河设施的交通流量。对带动济北新城、济阳、商河的发展具有战略性意义。

南岸明挖隧道段位于济泺路北段,自南向北依次为汽修厂站、轨道交通与市政道路合建段、南岸大盾构接收井,距离黄河南岸大堤约 340 m。围护结构采用地下连续墙和灌注桩,地下连续墙 153 幅,围护桩 266 根。内支撑采用钢筋混凝土支撑和钢支撑,基坑采用顺作法施工。本文以汽修厂站基坑为例,验证上述提出的降水开挖诱发的地表沉降计算理论。

汽修厂站基坑外轮廓尺寸为长 389 m、宽 20 m,开挖深度 22 m,地下连续墙插入深度 31 m,属于一级深基坑工程,施工区域为黄河Ⅰ级阶地,地下水埋藏深度 1~1.5 m,地下水类型为第四系松散覆盖层的孔隙潜水,其含水层主要为人工填土、黏质粉土、粉质黏土、粉细砂等。基坑西侧建有山东黄河医院,风险等级为 2 级;东侧建有中凯石油加油站,风险等级为 3 级,因此展开基坑施工诱发周边地表沉降的研究具有重要意义。

根据现场勘查书可知,开挖深度范围内均为杂填土、粉质黏土、黏质粉土等物理力学参数相近的土层,为简化计算难度,对土层条件进行简化,具体见表 4-6。

表 4-6 上层覆土参数

土层	厚度/m	容重 /(kN·m⁻³)	压缩模量 /MPa	泊松比	剪切模量 /MPa	含水层厚度/m	渗透系数
上层覆土	40	18.7	$5×10^7$	0.35	$1.85×10^7$	34	1.3

降水参数见表 4-7。

表 4-7 降水设计参数

坑内水位设计降深/m	降水井半径/m	过滤器长度/m	降水完成后墙后水位/m
21	0.5	0.5	32

下面以墙后 2 m 处地表沉降量为例计算。

(1)自重应力变化引起的地表沉降

初始地下水位线以下的土体内,由于降水作用,土体内的孔隙水被疏干,土体骨架承受的应力也随之增加,从而导致有效应力增加,诱发土体沉降。

根据表 4-5 和表 4-6 中参数,计算得墙后 2 m 处,计算降水作用导致的地表沉降,地表沉降计算示意图如图 4-44 所示,计算步骤如下:

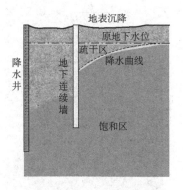

图 4-44 地表沉降计算示意图

将已知的参数代入墙后降水曲线,可得墙后 2 m 位置处含水层厚度为 32 m。

$$h = H + \frac{h_x - H}{1 + \frac{x}{2.45\sqrt{kH_a}}} = 32(m)$$

可获得坑外降水曲线,再代入地表沉降计算公式可得

$$S_1 = \frac{\gamma_w(H-h)/2}{E}(H-h) = \frac{10^4 × (34-32)/2}{5×10^7} × (34-32) = 0.4(mm)$$

$$S_2 = \frac{\gamma_w(H-h)}{E} \times 4 \times (H-h) = \frac{10^4 \times (34-32)}{5 \times 10^7} \times 4 \times (34-32) = 3.2(\text{mm})$$

疏干区沉降为 0.4 mm,饱和区沉降为 1.6 mm,由于降水引起自重应力变化诱发的沉降值为

$$S_1 = S_1 + S_2 = 3.6(\text{mm})$$

由此可知:墙后 2 m 处由于降水作用引起的自重应力变化,导致的地表沉降值为 3.6 mm。

(2)渗流力引起的地表沉降

渗流是最为常见的地下水运动,特别复杂,地下水会沿着一些形状与大小各不相同且弯弯曲曲的通道流动,所以研究单个地下水质点的运动是非常困难的,为此需要避开困难而去研究具有平均性质的渗透规律。实际情况中,地下水流仅存在于含水层空隙的空间。为了便于研究,用一种假想水流来代替真实的地下水流。这种假想水流的性质和真实地下水完全相同,不同之处是,这种假想水流不仅充满了含水层空隙的空间,也充满了岩土体颗粒所占据的空间,这种假想水流称为渗流,这样做既避开了研究单个地下水质点运动的困难,而且得到的流量、阻力以及水头等又与实际地下水流相同,满足了实际需要。

地下水在运动过程中会受到土颗粒的阻力,从作用力与反作用力的原理可知,地下水在受到土颗粒阻力的同时,必定会对土颗粒施加大小相等方向相反的一种渗流作用力,将单位体积土颗粒受到的渗流作用力称之为渗流力,渗流力垂直分量诱发地表沉降示意图如图 4-45 所示。

将已知参数代入计算公式可得

$$f_s = \gamma_w i = \gamma_w \frac{h}{h + 2h_d} = 0.54 \times 10^4$$

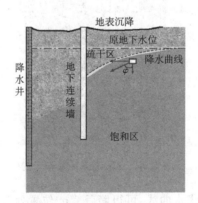

图 4-45　渗流力垂直分量诱发地表沉降示意图

了解渗流基本概念以及渗流力计算方法之后,为了能在实际降水工程中对其进行运用,还需要确定渗流力的方向。将渗流力沿坐标方向分解为水平竖直两个分量,φ 为渗流力与垂直方向夹角,$\cot\varphi$ 为降水曲线 $h(x)$ 的导数 $h'(x)$,则

$$f_{sy} = f_s\cos\varphi = 0.21 \times 10^3$$

考虑渗流力影响条件下基坑降水引起的沉降计算过程如下:

$$S_2 = \frac{\gamma_w i \cos \phi h}{E} 4(H-h) = \frac{10^4 \times 0.54 \times 3.95 \times 10^{-2} \times 32}{5 \times 10^7} \times 4 \times (34-32) = 1.1(\text{mm})$$

由此可知,墙后 2 m 处由于降水作用引起的渗流力垂直方向分量导致的地表沉降值为 1.1 mm。

(3)围护结构约束作用

本文引用剪切位移法的思想,计算围护结构与墙后土体之间的摩擦阻力,假设剪应力在土体之间传递直至 2 倍降水深度处,紧贴围护结构处在摩擦阻力的作用下不发生地表沉降。

考虑围护结构约束作用条件下的地表沉降计算过程为

$$S_3 = \int_x^{2(H-h)} \frac{\tau}{G_s} dx = \int_2^4 \frac{4 \times 10^4}{1.85 \times 10^7} \times \left(1 - \frac{x}{4}\right) dx = 1.1(\text{mm})$$

则墙后 2 m 处由于降水工作导致的地表沉降值为

$$S = S_1 + S_2 - S_3 = 3.6 + 1.1 - 1.1 = 3.6(\text{mm})$$

根据提出的考虑围护结构条件下的地表沉降计算公式,近似简化地层,计算围护结后任意位置处由于降水作用引起的地表沉降,计算结果图 4-46 所示。

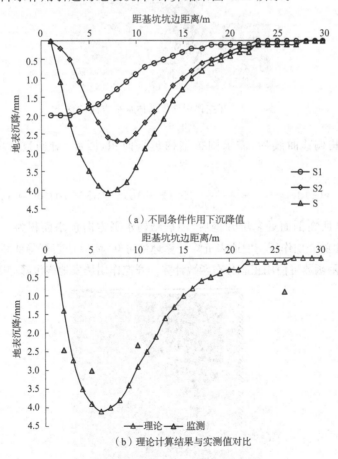

(a)不同条件作用下沉降值

(b)理论计算结果与实测值对比

图 4-46　降水作用诱发地表沉降对比

（4）开挖引起的地表沉降

由前文中提出的开挖作用诱发地表沉降计算理论可知，围护结构水平方向位移（图 4-47）曲线可设为一元二次顶点式方程，除假设墙顶（0，0）点外，仍需获得顶点（y_m，z_m）坐标，本文以近似基坑中点处地下连续墙水平方向位移监测点 ZQT10 断面为例，计算围护结构位移曲线包络面积与地表沉降曲线包络面积。

通过分析统计现场监测数据可知，基坑开挖完成后，测点 ZQT10 处围护结构最大水平方向位移发生在 18 m 深度处，最大偏移量为 35 mm。将（0，0）、（0.035，18）两点代入顶点式方程 $y(z) = a(z - z_m)^2 + y_m$ 可得

$$a = -\frac{y_m}{z_m^2} = -\frac{35 \times 10^{-3}}{18^2} = -\frac{35}{32\ 4000}\ (其中，z_m = 18，y_m = 0.035)$$

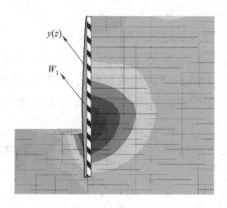

图 4-47　开挖作用诱发墙体水平方向位移

获得围护结构偏移曲线后，需求围护结构包络面积，因此，对函数自墙顶至墙底积分可得

$$W_1 = \int_0^H y(z)\mathrm{d}z = \int_0^{31} -\frac{35}{32\ 4000} \times (z - 18)^2 + 35 \times 10^{-3}\mathrm{d}z = 0.8(\mathrm{m}^2)$$

测点 ZQT10 所在剖面处基坑开挖后，围护结构水平方向包络面积为 0.8 m²。

由前文中提出的开挖作用诱发地表沉降计算理论可知，墙后地表沉降曲线符合正态分布函数，则墙后地表沉降函数可使用正态分布函数计算。开挖作用诱发地表沉降如图 4-48 所示。

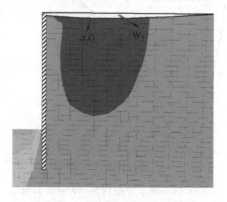

图 4-48　开挖作用诱发地表沉降

由 $z_{\max} = \dfrac{y_{\mathrm{m}}}{1.4}$ 和 $y_{\mathrm{m}} = 0.035$ 计算可得,地表沉降最大值 $z_{\max}$ 为 25 mm。墙后地表沉降曲线为

$$z(x) = 0.025\,\mathrm{e}^{-\pi\left(\frac{x-x_{\mathrm{m}}}{x_0-x_{\mathrm{m}}}\right)^2}$$

式中,x_{m} 为未知量。

根据前人经验及大量文献计算结果可知

$$\beta W_1 = W_2$$

式中,β 为经验系数,一般取 $0.6\sim1$,由于本工程施工区域地下水丰富,土体质地较软,容易发生变形,故选用经验系数选用 0.6;x_0 可根据工程经验确定为 $(1.5\sim2)H$,本文选择 $1.6H$,即墙后 50 m 范围内为研究对象。为获得地表沉降包络面积,现对地表沉降曲线由墙后 0 位置处至 50 m 位置处进行积分得

$$W_2 = \int_0^{x_0} z(x)\,\mathrm{d}x = 25 \times 10^{-3} \int_0^{62} \mathrm{e}^{-\pi\left(\frac{x-x_{\mathrm{m}}}{62-x_{\mathrm{m}}}\right)^2}\,\mathrm{d}x$$

$$W_2 = 0.6W_1$$

$$25 \times 10^{-3} \times \int_0^{50} \mathrm{e}^{-\pi\left(\frac{x-x_{\mathrm{m}}}{50-x_{\mathrm{m}}}\right)^2}\,\mathrm{d}x = 0.48$$

$$\int_0^{50} \mathrm{e}^{-\pi\left(\frac{x-x_{\mathrm{m}}}{50-x_{\mathrm{m}}}\right)^2}\,\mathrm{d}x = 19.2$$

解得 $x_{\mathrm{m}} = 12$ m,则 $z(x) = 25 \times 10^{-3} \times \mathrm{e}^{-\pi\left(\frac{x-12}{38}\right)^2}$,地表沉降拟合曲线如图 4-49 所示。

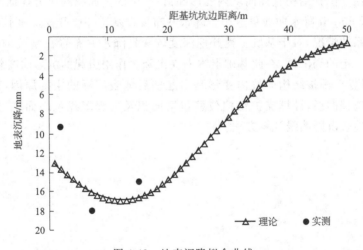

图 4-49　地表沉降拟合曲线

4.7　本章小结

本章对异形超深基坑施工全过程中围护结构力学行为和变形特征进行了分析,考虑基坑开挖的时间和空间效应基于土拱效应对基坑工程支挡结构参数进行优化,通过分析基坑降水、开挖引起地表沉降机理,提出地表沉降理论计算公式,具体结论如下:

（1）围护桩体的变形随开挖深度的增加而增加，发生最大变形的位置在开挖面附近，在架设钢支撑之后，钢支撑进入承载状态，能够有效控制墙体变形，使最大变形位置上移。为避免基坑变形过大，应减少无支撑时间，土层开挖后立即架设支撑，可有效控制基坑变形。在合理的支撑条件下，基坑最大变形位置发生在五分之三至五分之四深度处。

（2）钢支撑的架设或拆除对其相邻钢支撑的轴力大小产生很大影响，但对与其不相邻的钢支撑的影响却较小，钢支撑在架设后会在短时间内进入承载状态，并趋于稳定，拆除钢支撑时，临近内支撑会分担已拆除支撑的轴力，导致临近支撑轴力迅速增长。

（3）基坑开挖后土拱效应的形成可以使基坑围护结构后方土体产生应力转移，采用桩板式挡土墙结构在土拱拱脚位置布置型钢混凝土桩，同时加密拱脚位置内支撑数量，加固土拱拱脚。促使围护墙体后两桩与两桩中间区域土体产生相对位移，进而形成压力拱，大大提高了基坑支挡结构的抗变形能力。

（4）通过对比基坑工程不同开挖工况，原设计开挖方案和拱脚加固优化方案，地下连续墙深层水平位移、内支撑轴力和地表沉降。发现采用拱脚加固优化方案对地下连续墙深层水平位移和地表沉降均能起到很好的控制效果，在基坑整体全部开挖完成工况下加固优化方案地下围护结构变形可以减低约 40%。

（5）通过分析基坑开挖后的扰动应力场分布规律，优化方案围护结构后方土体应力降低区可以分成两部分，首先是由于加固桩附近与两加固桩之间，土体不均匀位移产生的土拱效应区域，该区域水平土压力由于卸荷和应力转移产生一个个拱形应力降低区，另一个应力降低区是由于围护结构整体向坑内变形卸荷，产生的大面积的应力降低区。

（6）经分析 dupuit 降水曲线更适用于降水井布置在基坑外或开挖深度较浅无须切断基坑内外水力联系的情况，对于基坑工程开挖深度较深且降水井布置在基坑内的情况 dupuit 降水曲线存在一定的局限性，在此基础上本书提出降水作用引起的沉降曲线新方法。

（7）基坑开挖后围护结构向坑内变形是引起墙后地表沉降的主要原因，根据两点式拟合出围护结构位移曲线，计算支护结构位移包络面积及地表沉降包络面积，进而提出由开挖作用引起的地表沉降曲线计算方法。

5 | 临近地上悬河超深基坑治水综合技术

5.1 引　言

　　1896 年,为保证伦敦伯明翰铁路的 Kilsby 隧道的顺利施工,人类第一次在工程中采用在竖井中将水抽去,实现了在干燥环境下的施工。经过百余年的应用和发展,出现了多种降水方法,并广泛应用到各领域的工程建设中,如水利工程、路桥工程、隧道及地下工程、高层建筑及市政工程等。随着城市建设的发展,越来越多深基坑施工中采用了管井井群降水。

　　本章基于三维数值模拟分析方法,以济南穿黄隧道南岸地铁站基坑为例,通过对比分析不同地下连续墙插入深度、降水井插入深度对地表沉降以及围护结构稳定性的影响,确定最优的地下连续墙与降水井插入比;对比不同降水井的布置方式下抽水量的大小,确定最佳降水井布置位置。

5.2　优化地下连续墙及降水井插入深度

　　在确定了降水井数量、间距,并验证了降水方案的可行性后,通过数值模拟的方式,改变地下连续墙及降水井的插入深度,统计不同水平条件下降水效果与基坑变形规律,综合考虑抽水量、坑底孔压、地表不均匀沉降和墙体水平位移等因素,从中选择出最优墙深与井深。分别设置地下连续墙深度与降水井深度,具体见表 5-1。

表 5-1　优化方案设计

因素	水平				
地下连续墙深度/m	27	29	31	33	35
降水井深度/m	31	33	35	37	39

5.2.1　地下连续墙深度优选

1. 降水过程地下连续墙深度对孔压降幅影响

　　地下连续墙深度是基坑设计过程中的一个主要参数,地下连续墙的作用不仅能防止坑外土体滑入基坑内部,作为钢支撑的支点,还要能隔离坑内与坑外地下水的流动。同时,在坑内降水作业施工时要保护坑外地下水。为分析地下连续墙深度对降水效果与围护结构稳定的影响,本次模拟分别设置地下连续墙深度为 27 m、29 m、31 m、33 m、35 m 五个水平,控制其他条件不变,降水完成后,距离基坑端部 115 m 处孔隙水压力云如图 5-1 所示。

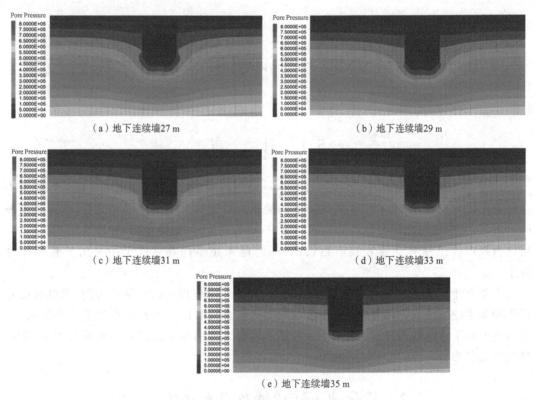

（a）地下连续墙27 m　　　　　　　　　（b）地下连续墙29 m

（c）地下连续墙31 m　　　　　　　　　（d）地下连续墙33 m

（e）地下连续墙35 m

图 5-1　不同地下连续墙插入深度孔压降幅云图

通过分析观察图 5-1 可知:

（1）在基坑内部,不同地下连续墙深度对开挖范围内孔隙水压力影响不大,基坑底板孔隙水压力均可满足施工要求。

（2）在基坑外部,地下连续墙深度为 27 m 时,受到坑内抽水的影响,墙后土体内的孔隙水压力明显下降,随着地下连续墙深度的增加,其阻挡坑外地下水流向坑内的能力逐渐升高。

（3）地下连续墙底部绕渗现象随地下连续墙深度的增加逐渐减轻,当地下连续墙深度大于 31 m 时,基坑外部的孔隙水压力云图基本持平,说明坑外地下水流失现象逐渐改善。

为全面反映不同地下连续墙深度对基坑降水效果的影响,现在距离基坑端部 115 m 处选择一个截面,在基坑中心线、地下连续墙后、墙后 9 m、墙后 21 m 自地表至 40 m 深度处选择 4 条监

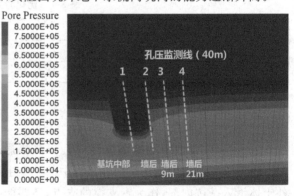

图 5-2　孔压降幅监测线的选择

测线。具体监测线位置如图 5-2 所示。

对不同地下连续墙深度条件下提取图 5-2 中 4 条监测线上孔隙水压力,与模拟降水前的孔隙水压力对比,比较不同位置的降水作业导致的孔隙水压力降幅,得到图 5-3,图中 d××代表地下连续墙插入深度,j××代表降水井插入深度,d××j××代表的是不同降水井与地下连续墙插入深度的组合。

通过分析图 5-3 可知:

(1)在基坑内部,不同地下连续墙插入深度条件下,1 号监测线孔压降幅曲线基本重合,开挖深度内,孔压降幅接近 95%,说明在降水作业中,地下连续墙的插入深度对坑内的孔隙水压力降幅影响很小。

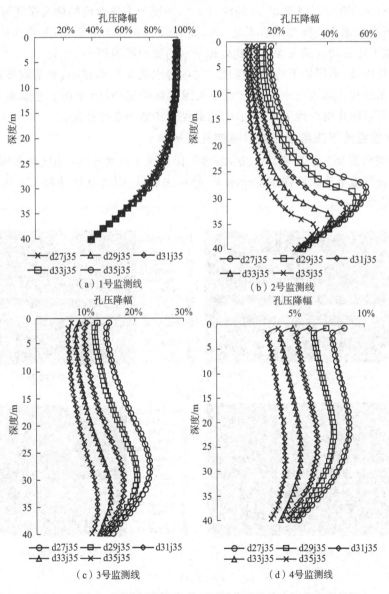

图 5-3 不同地下连续墙深度条件下不同位置孔隙水压力变化规律

(2)在地下连续墙后,2号监测线处孔隙水压力降幅随地下连续墙深度的增加,由27 m墙深时56%降至35 m墙深时35%,说明地下连续墙的插入深度每增加2 m,墙后孔隙水压力降幅可以减少4%左右,由于绕渗现象,墙后孔隙水压力降幅最大位置均发生在地下连续墙端部。

在地下连续墙后9 m位置处,3号监测线处孔隙水压力降幅随地下连续墙深度的增加,由27 m墙深时23%降至35 m墙深时12%,说明地下连续墙的插入深度每增加2 m,墙后9 m位置孔隙水压力降幅可以减少2%左右,由于该监测线与地下连续墙的水平距离变大,坑内降水工作对监测线所在位置处孔隙水压力影响较小。

(3)在地下连续墙后21 m位置处,4号监测线处孔隙水压力降幅随地下连续墙深度的增加,由27 m墙深时7%降至35 m墙深时4%,说明地下连续墙的插入深度每增加2 m,墙后21 m位置孔隙水压力降幅减少不足1%,此时地下连续墙端部深度处孔压降幅增大趋势很小,说明地下连续墙的插入深度对此处地下水的流动影响很小。

对于基坑内部,不同地下连续墙深度对坑内降水效果影响很小;对基坑外部,与地下连续墙距离越远处孔压降幅受地下连续墙插入深度影响越小,增加地下连续墙的插入深度,一定程度上可以防止坑外地下水流向坑内,起到保护地下水的作用。

2. 降水过程地下连续墙深度对基底孔压影响

基坑开挖前需要先进行降水作业,是为了保证施工环境干燥,基坑内孔隙水压力达到标准。分别设置地下连续墙深度5个水平,降水完成后,距离基坑端部115 m处孔隙水压力云图5-4所示。

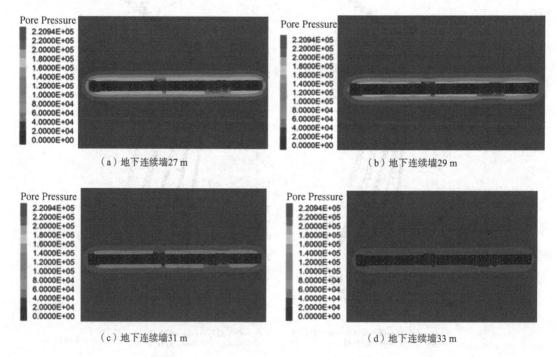

（a）地下连续墙27 m   （b）地下连续墙29 m

（c）地下连续墙31 m   （d）地下连续墙33 m

图 5-4

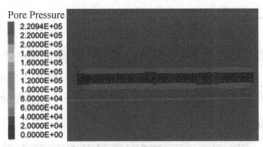

（e）地下连续墙35 m

图 5-4　不同地下连续墙插入深度下的基底孔压变化云图

通过分析观察图 5-4 可知：

（1）不同地下连续墙深度条件下，坑内基底孔隙水压力均可以降低至施工允许值，坑外孔隙水压力受地下连续墙插入深度影响较大。

（2）在基坑外部，地下连续墙深度为 27 m 时，受到坑内抽水的影响，墙后土体内的孔隙水压力明显下降，随着地下连续墙深度的增加，其阻挡坑外地下水流向坑内的能力逐渐升高。

（3）当地下连续墙插入深度大于 31 m 时，坑外孔压变化较小，说明墙后地下水受坑内降水作业影响较小。

为全面反映不同地下连续墙深度对基底孔压的影响，现在距离基坑端部 115 m 处选择一个截面，在基坑中心部位选择穿过基坑底的一条 50 m 孔压监测线。具体监测线位置如图 5-5 所示。

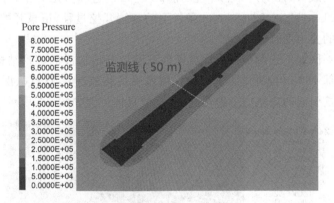

图 5-5　基底孔压监测线

对不同地下连续墙深度条件下提取图 5-5 中基底监测线上孔隙水压力，与模拟降水前的孔隙水压力对比，比较不同地下连续墙深度条件下降水作业导致的基底孔压变化情况，得到图 5-6 所示规律。

通过分析图 5-6 可知：

（1）地下连续墙每增加 2 m，基坑内 −22 m 处孔隙水压力分别减少 2.1 kPa、1.8 kPa、1.6 kPa、1.2 kPa。

(2)地下连续墙每增加 2 m,墙后－22 m 位置处孔隙水压力分别增加 15 kPa、12 kPa、11 kPa、8 kPa。

(3)基坑墙后 15 m 范围内孔隙水压力不同程度的下降,说明基坑降水影响范围大于 15 m。

对于基底孔隙水压力,监测线所示墙后 15 m 范围内,地下水的运动受地下连续墙插入深度影响较大,对于基坑内部,增加地下连续墙插入深度,对减少基底孔压效果甚微。

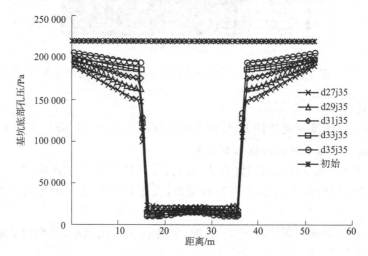

图 5-6　不同地下连续墙深度条件下基底孔隙水压力变化规律

3. 开挖过程地下连续墙深度对墙体水平位移影响

在降水工作完成,保证坑内作业环境的前提下,可以进行分层开挖,分别模拟地下连续墙深度为 27 m、29 m、31 m、33 m、35 m 条件下的基坑开挖过程,记录开挖工作完成后地下连续墙围护结构的受力变形情况。

为分析对比不同地下连续墙插入深度条件下基坑开挖造成的围护结构变形情况,选择现场距离基坑端部 122 m 位置地下连续墙深层水平位移监测点 ZQT6(图 2-13),记录地下连续墙随基坑开挖引起的向坑内变形情况,监测线具体位置如图 5-7 所示。

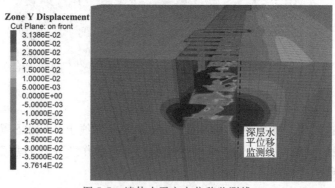

图 5-7　墙体水平方向位移监测线

通过记录同一位置不同深度下的墙体位移,分析由于地下连续墙深度的改变导致的水平位移大小的变化。将地下连续墙不同入土深度的最大水平位移数据汇总,如图 5-8 所示。

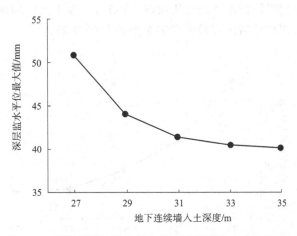

图 5-8　不同地下连续墙插入深度下墙体最大水平位移

通过图 5-8 不难发现,随着地下连续墙深度的增加,墙体最大水平位移变化可以大致分为两个阶段。在阶段 1,地下连续墙深度小于 31 m,墙体最大水平位移随地下连续墙插入深度的增加快速减小,由 27 m 墙深时的 50.8 mm 减小至 31 m 墙深时的 41.4 mm;在阶段 2,地下连续墙深度大于 31 m,墙体最大水平位移随地下连续墙插入深度的增加减小速度逐渐变缓,由 31 m 墙深时的 41.4 mm 减小至 35 m 墙深时的 40 mm。说明在 31 m 墙深后,继续增加地下连续墙深度对墙体水平位移量的影响不大。

4. 开挖过程地下连续墙深度对地表不均匀沉降影响

基坑开挖后由于卸荷作用墙后土体会向坑内位移,墙后一定范围内的地表会发生非均匀沉降,地下连续墙的插入深度不同会影响地下连续墙变形和墙后土体移动程度,因此分别模拟地下连续墙入土深度为 27 m、29 m、31 m、33 m 和 35 m 条件下,基坑开挖完成后墙后一定范围内的地表沉降情况。

对比分析不同地下连续墙插入深度条件下基坑开挖造成的地表沉降情况,选择距离基坑端部 122 m 的地表沉降监测点 DBC-9,记录地表随开挖的进行发生的沉降数据,具体监测线位置如图 5-9 所示。

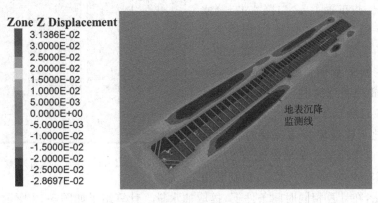

图 5-9　地表沉降监测线

通过记录同一位置不同深度下的地表沉降,分析由于地下连续墙深度的改变导致的地表沉降大小的变化。现将墙后沉降最大量汇总如图 5-10 所示。

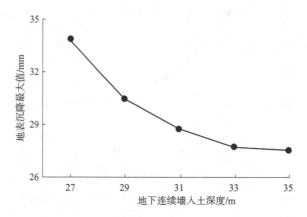

图 5-10　不同地下连续墙插入深度下地表沉降最大值

通过分析图 5-10 中数据可知,随着地下连续墙深度的增加,墙后地表沉降最大值变化可以大致分为两个阶段:在阶段 1,地下连续墙深度小于 31 m,地表沉降最大值随地下连续墙插入深度的增加快速减小,由 27 m 墙深时的 3.39 cm 减小至 31 m 墙深时的 2.87 cm;在阶段 2,地下连续墙深度大于 31 m,地表沉降最大值随地下连续墙插入深度的增加减小速度逐渐变缓,由 31 m 墙深时的 2.87 cm 减小至 35 m 墙深时的 2.75 cm。这说明在 31 m 墙深后继续增加地下连续墙深度对地表沉降的影响不大。

5. 抽水量比较

随着计算机技术的发展,国内外开始应用模拟软件来模拟地下水流动系统,运用
FLAC^{3D}软件对工程区域地下水水流系统进行三维数值模拟。在空间上,建立真实比例工程区域三维水文地质模型,边界条件设置为透水边界以实现地下水可以流动的目的,还原了真实条件下的地下水流动条件。根据实际工程情况,共布置了 52 口降水井,降水井设计如图 5-11 所示。在时间上,模拟降水井自工作开始至坑内水压达到施工要求的全过程,选用控制运算时间命令 model solve fluid time-total 控制计算时间。降水井设计示意图如图 5-11所示。

为研究地下连续墙插入深度对抽水量的影响,分别设置地下连续墙深度为 27 m、29 m、31 m、33 m、35 m 五个水平,控制其他

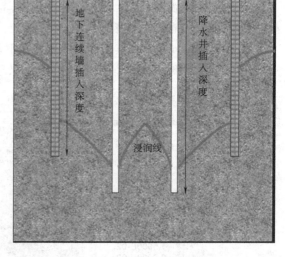

图 5-11　降水井设计示意图

参数均不变化,在计算相同时间条件下,提取抽水量。计算结果如图 5-12 所示。

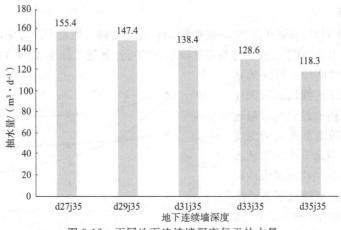

图 5-12　不同地下连续墙深度每天抽水量

根据模拟结果可发现,当地下连续墙深度在 27～35 m 范围内变化时,抽水量分别为 155.4 m³/d、147.4 m³/d、138.4 m³/d、128.6 m³/d、118.3 m³/d。地下连续墙深度每增加 2 m,基坑抽水量可减少约 10 m³/d。

模型在计算过程中,选取位于基坑底板位置处监测点(图 5-13),记录测点处孔隙水压力随降水工作的进行发生的变化情况。

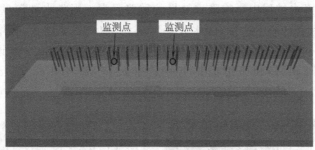

图 5-13　监测点位置

根据计算结果可计算出不同地下连续墙深度条件下坑底孔压达到 20 kPa 时所需抽水总量。不同地下连续墙插入深度时抽水量变化如图 5-14 所示。

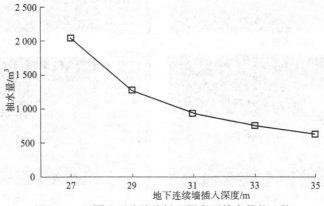

图 5-14　不同地下连续墙插入深度下抽水量的比较

6. 小   结

综合考虑降水效果、基底孔隙水压、抽水量、墙体水平位移与地表沉降考虑,地下连续墙深度在 27～35 m 范围内,坑内降水效果与基底孔隙水压均可达到施工标准,降水工作对坑外地下水的影响随地下连续墙插入深度的增加逐渐减少;当地下连续墙插入深度小于31 m,围护结构的最大变形与地表最大沉降量可随地下连续墙深度的增加快速减小;当地下连续墙插入深度大于31 m,围护结构的最大变形与地表最大沉降量可随地下连续墙深度的增加缓慢减小(图5-15)。因此,综合环境保护、施工量与围护结构稳定等多因素考虑,选定地下连续墙插入深度31 m 为最优深度。

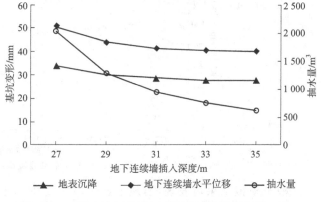

图 5-15   不同地下连续墙插入深度下基坑监测数据汇总

5.2.2   降水井深度优选

1. 降水过程降水井深度对孔压降幅影响

降水井井深是降水过程中影响降水效果的重要因素。当降水井深度过小,则不能实现抽干坑内地下水,降水效果不达标;降水井深度越大,抽水强度越大,会增加抽水量导致地表沉降增大等后果。因此,本次模拟控制地下连续墙深度为 31 m,分别设置降水井深度为31 m、33 m、35 m、37 m、39 m 五个水平,控制其他条件不变,分析降水井深度对降水效果的影响,降水后孔隙水压力如图 5-16 所示。

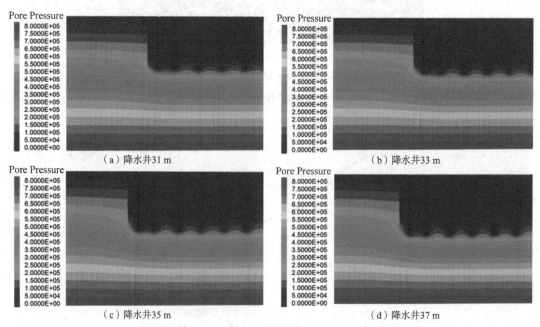

(a)降水井31 m   (b)降水井33 m

(c)降水井35 m   (d)降水井37 m

图 5-16

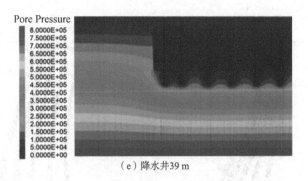

（e）降水井39 m

图 5-16　不同降水井插入深度孔压降幅云图

通过分析观察图 5-16 可知：

（1）在降水井深度较浅时，降水能力较弱，当增加降水井深度，地下水流向降水井的量逐渐增加，降水能力不断提高。

（2）坑外孔隙水压力相对稳定，由于地下连续墙起到隔离作用，坑外水只能通过地下连续墙下方饶进坑内流向降水井。

（3）降水井超过地下连续墙深度的部分，地下水会直接流向降水井被抽出，可能会引起地表沉降过大的问题。

现记录 4 条不同位置处监测线孔隙水压力，分析降水井深度对基坑整体降水效果的影响，监测线所在位置已在图 3-2 中给出。通过对不同降水井深度条件下 4 条监测线位置处孔隙水压力变化情况的统计，与开挖前的孔隙水压力对比，计算孔隙水压力降幅，得出图 5-17所示规律。

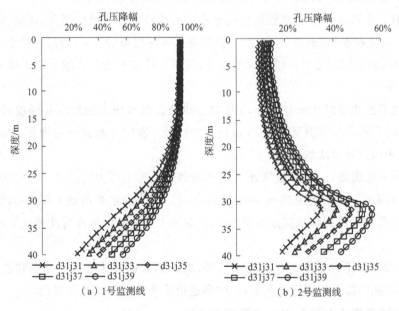

（a）1号监测线　　　　　　　　　（b）2号监测线

图 5-17

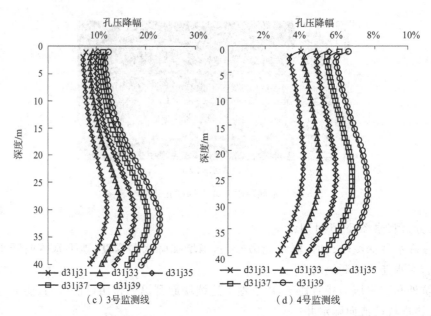

（c）3号监测线　　　　　　　　　　（d）4号监测线

图 5-17　不同降水井深度条件下不同位置孔隙水压力变化规律

通过分析上图 5-17 可知：

（1）在基坑内部，不同降水井插入深度条件下，1 号监测线孔压降幅曲线上半部分基本重合，由于降水井深度的增加，埋深 15 m 后孔隙水压降幅逐渐增加。基底埋深 22 m 处，降水井深度为 31 m 时孔压降幅为 86.9%，当降水井深度增加至 39 m 时孔压降幅可达到94.2%。说明降水井插入深度对坑内孔隙水压力降幅的影响比较大。

（2）在地下连续墙后，2 号监测线处孔隙水压力随降水井深度的增加，降幅由井深 31 m时的 34.9% 增至井深 39 m 时的 56.2%，说明降水井深每增加 2 m，墙后孔隙水压力降幅增加 5.3% 左右，由于控制地下连续墙深度不变，因此 2 号监测线上孔隙水压力降幅最大处均发生在同一深度。

（3）在地下连续墙后 9 m 位置处，3 号监测线处孔隙水压力随降水井深度的增加，降幅由井深 31 m 时的 12.2% 增至井深 39 m 时的 22.6%，说明降水井深每增加 2 m，墙后 9 m位置处孔隙水压力降幅增加 2.6% 左右。

（4）在地下连续墙后 21 m 位置处，4 号监测线处孔隙水压力随降水井深度的增加，降幅由 27 m 井深时的 3.5% 增至 35 m 井深时的 7.2%，说明降水井的插入深度每增加 2 m，墙后 21 m 位置孔隙水压力降幅减少不足 1%，说明降水井的插入深度对此处地下水的流动影响很小。

降水井的井深不仅影响着坑内降水效果，也影响着坑外地下水的流动状态，增加井深虽然可以保证坑内孔压达到施工要求，但也会造成坑外的地下水流失浪费。

2. 降水过程降水井深度对基底孔压影响

降水工作最重要的部分是为了降低坑内土体含水量，为分析降水井深度对降水效果的影响,在保证其他因素不变的前提下,设置 5 个降水井深度水平,分析记录坑底孔压受降水井深度的影响情况。降水完成后,坑底孔隙水压力云图 5-18 所示。

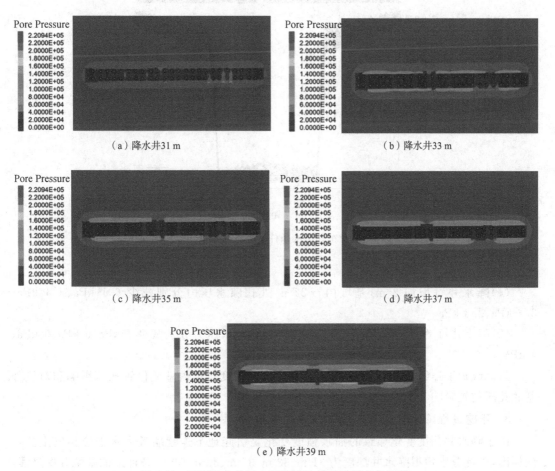

（a）降水井31 m

（b）降水井33 m

（c）降水井35 m

（d）降水井37 m

（e）降水井39 m

图 5-18　不同降水井插入深度下的基底孔压变化云图

通过分析观察图 5-18 可知:

(1)随着降水井深度的增加,坑内基底孔隙水压力降幅逐渐升高,降水井深度越深,坑内降水效果越好。

(2)在基坑外部,降水井深度为 31 m 时,坑外孔隙水压力降幅较小,随着降水井深度的增加,基坑外部的孔隙水压力降幅逐渐升高,说明抽水作用增强,周边孔隙水压力受到的影响较大。

为全面反映不同地下连续墙深度对基底孔压的影响,现在距离基坑端部 115 m 处选择一个截面,在基坑中心部位选择穿过基坑底的一条 50 m 孔压监测线。具体监测线位置如图 5-5 所示。

对不同降水井深度条件下提取图 5-5 中基底监测线上孔隙水压力,与模拟降水前的孔隙水压力对比,比较不同地下连续墙深度条件下降水作业导致的基底孔压变化情况,得到图 5-19 所示规律。

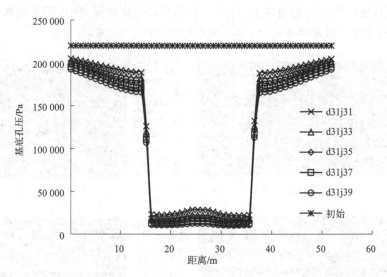

图 5-19　不同降水井深度条件下基底孔隙水压力变化规律

通过分析图 5-19 可知：

(1)降水井每增加 2 m,基坑内－22 m 处孔隙水压力分别减少 6.1 kPa、4.4 kPa、3.3 kPa、2.3 kPa。

(2)降水井每增加 2 m,墙后－22 m 位置处孔隙水压力分别减少 7 kPa、6 kPa、5 kPa、4 kPa。

与修改地下连续墙插入深度相比,增加降水井深度对坑内基底位置孔压影响和对坑外基底孔压位置影响基本相同。

3. 开挖过程降水井深度对墙体水平位移影响

由于降水井深度变化导致的抽水强度变化是引起地下连续墙最大水平位移发生变化的原因,因此分别模拟降水井深度为 31 m、33 m、35 m、37 m、39 m 条件下的基坑开挖过程,记录开挖工作完成后地下连续墙围护结构的受力变形情况。

现在选择现场距离基坑端部 122 m 的测斜监测点 ZQT6,在地下连续墙上设置一条水平方向位移监测线,记录地下连续墙随开挖进行发生的向坑内位移数据。具体监测线位置如图 5-5 所示。通过记录同一位置不同深度下的墙体位移,分析由于地下连续墙深度的改变导致的水平位移大小变化。现将墙体最大水平位移数据汇总如图 5-20 所示。

分析图 5-20 中数据可知,随着降水井深度的增加,墙体最大水平位移变化可以大致分为两个阶段:在阶段 1,降水井深度小于 35 m,墙体最大水平位移随降水井插入深度的增缓慢增加,由 31 m 井深时的 38 mm 增加至 35 m 井深时的 39.2 mm;在阶段 2,降水井深度大于 35 m,墙体最大水平位移随降水井插入深度的增加变大速度逐渐升高,由 35 m 墙深时的 39.2 mm 增加至 39 m 墙深时的 41.6 mm。

说明在 35 m 井深后继续增加降水井深度对墙体水平位移量的影响变大。与地下连续墙深度对墙体水平位移的影响相比,更改降水井插入深度对墙体水平位移的影响很小。

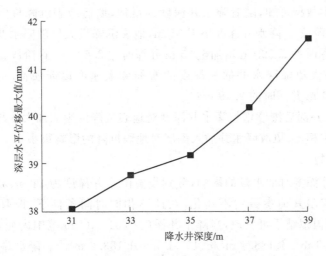

图 5-20 不同降水井插入深度下墙体最大水平位移

4. 开挖过程降水井深度对地表不均匀沉降影响

降水作用会导致坑内土体含水量减少,随着降水井深度的加深,抽水强度逐渐升高,导致基坑周边沉降量逐渐增加,因此分别模拟降水井深度为 31 m、33 m、35 m、37 m、39 m 条件下的基坑开挖过程,记录开挖工作完成后墙后一定范围内的地表沉降情况。为分析对比不同降水井插入深度条件下基坑开挖造成的地表沉降情况,现在选择现场距离基坑端部 122 m 的地表沉降监测点 DBC9,在墙后地表设置一条垂直方向位移监测线,记录地表随开挖的进行发生的沉降数据。具体监测线位置如图 5-5 所示。通过记录同一位置不同深度下的地表沉降,分析由于降水井深度的改变导致的地表沉降大小的变化。现将墙后地表沉降最大值汇总图 5-21 所示。

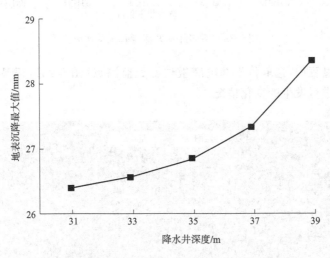

图 5-21 不同降水井插入深度下地表沉降最大值

通过分析图中数据可知,随着降水井深度的增加,墙后地表沉降最大值变化可以大致分为两个阶段:在阶段 1,降水井深度小于 35 m,地表沉降最大值随降水井插入深度的缓慢增加,由 31 m 井深时的 2.59 cm 增加至 35 m 井深时的 2.63 cm;在阶段 2,降水井深度大于35 m,地表沉降最大值随降水井插入深度的增加变大速度逐渐加快,由 35 m 井深时的2.63 cm 增加至 39 m 井深时的 2.79 cm。

说明在 35 m 井深后继续增加降水井深度对地表沉降的影响加大。与地下连续墙深度对地表沉降的影响相比,更改降水井插入深度对地表沉降的影响很小。

5. 抽水量比较

为研究降水井深度对抽水量的影响,分别设置降水井深度为 31 m、33 m、35 m、37 m、39 m 五个水平,控制其他参数均不变化,在计算相同时间条件下,提取抽水量。汇总如图 5-22 所示,根据模拟结果可发现,当降水井深度在 31~39 m 范围内变化时,抽水量分别为 107 m³/d、122.3 m³/d、138.4 m³/d、155.5 m³/d、183.2 m³/d。降水井深度每增加 2 m,基坑抽水量加速增加。

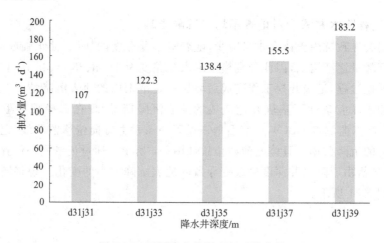

图 5-22　不同降水井深度每天抽水量

模型在计算过程中,选取位于基坑底板位置处监测点(图 5-23),记录测点处孔隙水压力随降水工作的进行发生的变化情况。

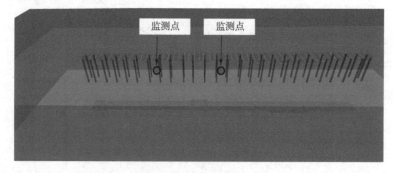

图 5-23　监测点位置

根据模拟结果得到出水速度与抽水所需时间后,可计算出不同地下连续墙深度条件下坑底孔压达到 20 kPa 时所需抽水总量(图 5-24)。

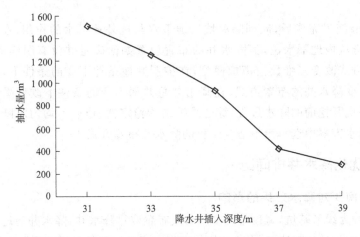

图 5-24　不同地下连续墙插入深度下抽水量的比较

6. 小　　结

综合考虑降水效果、基底孔隙水压、抽水量、墙体水平位移与地表沉降考虑,降水井深度在 31～39 m 范围内,降水井插入深度越深,坑内降水效果越好,降水工作对坑外地下水的影响随降水井插入深度的增加逐渐增大;当降水井插入深度小于 35 m,围护结构的最大变形与地表最大沉降量可随降水井深度的增加缓慢增加;当降水井插入深度大于 35 m,围护结构的最大变形与地表最大沉降量可随降水井深度的增加快速增加,如图 5-25 所示。因此,综合环境保护、施工量与围护结构稳定等多因素考虑,选定降水井插入深度 35 m 为最优深度。

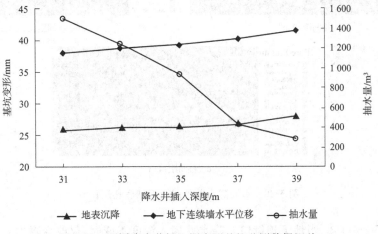

— 地表沉降　—◆— 地下连续墙水平位移　—○— 抽水量

图 5-25　不同降水井插入深度下基坑监测数据汇总

5.3　不同降水方案对比

地下连续墙施工完成后,起到隔离坑内地下水与坑外地下水的作用,在基坑内布置降水井可有效降低坑内地下水位,但降水井的布置位置如何确定并没有明确的标准,因此通过数值模拟的方式改变三维数值模拟模型,在控制其他条件不变的条件下,改变降水井之间的排间距、改变降水井的布置方式、在降水井总井深不变的条件下改变降水井数量与单井井深,模拟基坑开挖前的降水过程,综合维护结构稳定性、地表不均匀沉降及降水效果等因素,从不同降水方案中选择出最适合工程的降水井布置方式。

5.3.1　优化降水井排间距

1. 不同排间距对降水效果的影响

由于本基坑为线形基坑,宽度约为 20 m,故布置双排降水井,降水井与地下连续墙的距离、降水井排间距如何选择决定了降水井的布置位置,为探究不同排间距对降水效果以及基坑稳定性的影响,在地下连续墙深度为 31 m,降水井深度为 35 m 条件下,分别设置双排降水井间距为 10 m、12 m、14 m 记录模拟降水工作完成后基坑内孔隙水压力降幅、基底孔压、墙体水平位移、地表沉降等情况。

不同降水井间距下,经过相同的抽水时间,基底孔压如图 5-26 所示。

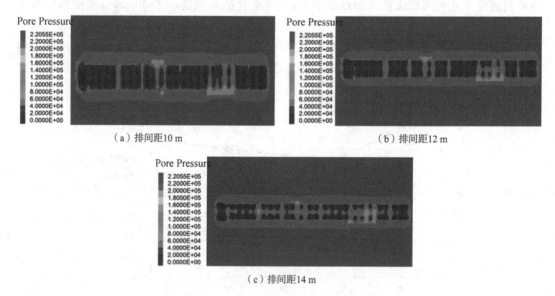

图 5-26　不同降水井排间距下基底孔压比较

分析图 5-26 可知:当地下连续墙与降水井插入深度不变时,仅改变降水井的排间距,会对坑内基底孔压造成影响,当排间距为 10 m、12 m 时,降水工作完成后,基底孔压云图基本相同,但当排间距增加至 14 m 时,基底孔压明显变大,说明降水效果不如排间距为 10 m、12 m 时的降水效果理想。

提取不同排间距数值计算模型坑内监测线 1(图 5-2)处孔压降幅汇总如图 5-27 所示。

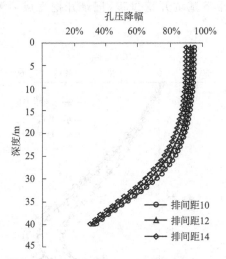

图 5-27 不同降水井排间距下纵向孔压监测线比较

通过分析观察图 5-27 可知:在坑内进行降水作业,排间距为 10 m 时,最大孔隙水压力降幅为 95.6％;排间距为 12 m 时,最大孔隙水压力降幅为 93.5％;排间距为 14 m 时,最大孔隙水压力降幅为 90.8％。可以发现排间距越小,抽水能力越强,孔压降幅越大,基坑内降水效果越好。

除坑内孔压降幅外,另一个判定基坑内降水效果的标准就是基坑底板处的孔隙水压力,记录不同排间距下基底孔压监测线处降水完成后孔压,结果如图 5-28 所示。

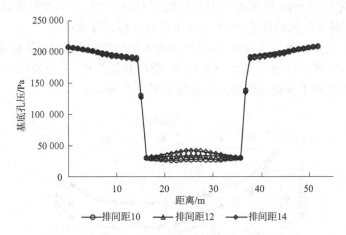

图 5-28 不同降水井排间距下基底孔压监测线比较

通过分析观察图 5-28 可知:不同排间距条件下,地下连续墙外深度 22 m 处孔压基本相同,说明排间距对坑外基底深处水流的影响不大;坑内 22 m 处基底孔压随排间距的增加逐渐增加,说明排间距越大,基底孔压越大,基坑内降水效果越差。

2. 不同排间距基坑稳定性的影响

模拟不同降水井排间距下基坑开挖过程,记录开挖完成后测点 ZQT6 处墙体水平位移,如图 5-29 所示。

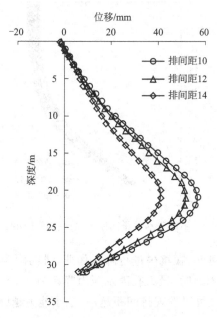

图 5-29 不同降水井排间距下地下连续墙水平方向位移

通过分析观察图 5-29 可知:排间距为 10 m 时,最大变形量为 56.7 mm;排间距为 12 m 时,最大变形量为 51.8 mm,降幅为 8.6%;排间距为 14 m 时,最大变形量为 41.2 mm,降幅为 20.5%。说明随着排间距的增加,墙体水平方向位移逐渐减小。

排间距不同,会影响地下水的流动,导致地表不同程度沉降,为分析降水井排间距对地表沉降的影响,在仅改变降水井排间距条件下,模拟基坑开挖,记录开挖完成后,墙后地表沉降情况,不同排间距下开挖完成后地表沉降如图 5-30 所示。

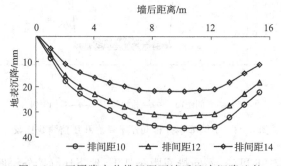

图 5-30 不同降水井排间距下墙后地表沉降比较

通过分析观察图 5-30 可知,排间距为 10 m 时,最大沉降量为 36.4 mm;排间距为 12 m 时,最大沉降量为 31.5 mm,降幅为 13.5%;排间距为 14 m 时,最大沉降量为 21.8 mm,降幅为 30.8%。说明随着排间距的增加,地表沉降量逐渐减小。

3. 抽水量比较

为研究不同排间距对抽水量的影响,分别设置模拟降水井在坑内不同位置处,排间距为 10 m、12 m、14 m 条件下控制其他参数均不变化,在计算相同时间条件下,提取抽水量。汇总如图 5-31 所示。

根据模拟结果可发现:当降水井排间距在 10 m 时,抽水量为 133.3 m³/d;当降水井排间距在 12 m 时,抽水量为 138.4 m³/d;当降水井排间距在 14 m 时,抽水量为 143.8 m³/d。抽水量会随降水井排间距的增加而增加。

通过记录基坑底板孔隙水压力变化过程,获得降水所需时间与抽水量,如图 5-31 所示。

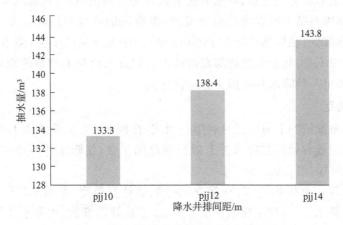

图 5-31　不同降水井排间距下抽水量比较

4. 小　　结

综合考虑降水效果、基底孔隙水压、抽水量、墙体水平位移与地表沉降考虑,排间距在 10~14 m 范围内,排间距越大,基坑变形越小,抽水量越大。选择排间距为 12 m 为最优距离。不同降水井排间距下施工指标及比较如表 5-2 和图 5-32 所示。

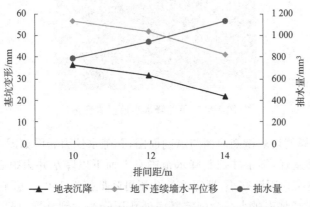

图 5-32　不同降水井排间距下施工指标比较

表 5-2　不同降水井排间距下施工指标

项目	pjj10	pjj12	pjj14
降水井排间距	10 m	12 m	14 m
抽水量	789 m³	941 m³	1 135 m³
地表沉降	36.4 mm	31.5 mm	21.8 mm
墙体水平位移	56.7 mm	51.8 mm	41.2 mm

5.3.2　降水井双排交替式布置

汽修厂站基坑形状近似矩形,降水井位置设计采用均匀布置,在基坑宽度为 20 m 的规则段,均匀布置降水井基本可以满足降水要求,但有可能造成两排降水井降水影响范围重叠,导致降水效率降低;在局部宽度大于 20 m 处,由于基坑宽度变大,降水井间距不变,单口降水井影响范围不变,就会导致局部宽度较大区域降水效果不理想的现象发生。为解决上述问题,尝试提出一种降水井双排交替布置方式。

1. 井间距确定

现行降水井布置位置采用规则的双排并列式,排间距 12 m,降水井与地下连续墙距离 4 m,这样布置有可能导致两排降水井有效影响范围重合,使降水井不能得到充分利用,造成降水井数量的增加,浪费施工成本。

为确定单口降水井影响范围,现建立三维数值计算模型,模拟单口降水井在 21 m× 21 m 范围内进行降水工作,控制模型土层参数、地下连续墙参数、边界条件与降水运算时间不变,计算结束后提取 -22 m 基底深度处孔压,分析单口降水井能够控制的降水范围。

建立三维模型如图 5-33 所示。

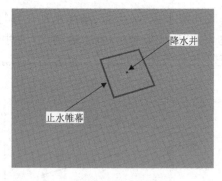

图 5-33　单井降水小模型的建立

降水结束后对模型切取横剖面图与纵剖面图,孔隙水压力云图如图 5-34 所示。

从图 5-34 不难发现,降水井控制降水范围自上而下以降水井为中心形成降水漏斗,如图 5-35 所示。影响半径逐渐减小,埋深浅处孔压可降低接近 100%,影响半径约 10 m,随着深度的增加,影响半径越来越小。为确定基底处孔压降幅达到标准,提取基底孔压,分析单井控制降水范围。

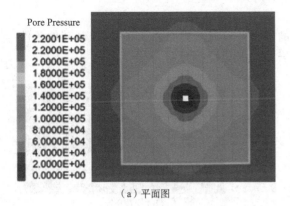
（a）平面图

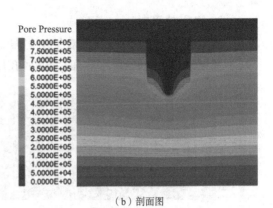
（b）剖面图

图 5-34　单井降水效果云图

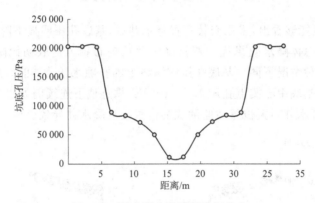

图 5-35　单井降水监测线孔压分布

　　由图 5-36 可以看出，单口降水井在－22 m 深度处降水影响半径大于 6 m，现行的 12 m 排间距会造成降水范围重叠，两列降水井之间也会有较大的孔隙区域，降水效果不理想，因此提出降水井交替布置的方式，既可以有效降低两口降水井影响区域重叠部分，又可以减小两列降水井之间的孔隙，使基坑内降水效果更好。

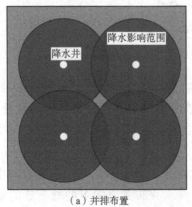
（a）并排布置

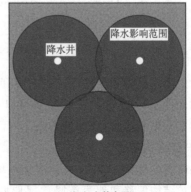
（b）交替布置

图 5-36　单双排降水井布置方式降水效果比较

2. 降水效果对比

改变降水井布置方式,将双排均匀布置的降水井改成双排交替式布置,控制其他条件均不变化,进行相同的降水时间后,基底孔压云图如图 5-37 所示。

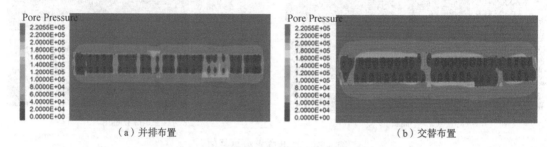

（a）并排布置　　　　　　　　　　　　　　　（b）交替布置

图 5-37　单双排降水井基底孔压云图

从图 5-38 明显能够看出,采用交替布置降水井后,基底孔压明显下降,但局部仍然有孔压不达标的现象。总体降水效果优于双排降水井均匀布置。提取初始降水井布置方案与降水井交替布置两种情况下同一基底孔压监测线上的孔隙水压力,可以明显看出降水井交替布置会有效降低基底中心测点孔压 1.5×10^4 Pa,靠近地下连续墙处出现的孔压明显减小现象,是由于更改降水井布置位置后监测线的位置接近降水井导致。

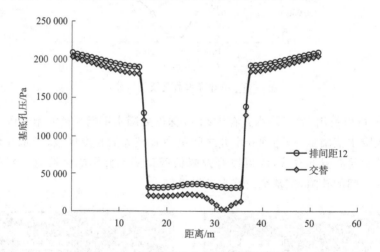

图 5-38　单双排降水井布置下基底监测线孔压

降水井采用双排布置方式后,基底孔压明显下降,降水效果优于初始降水井布置方式,说明在相同条件下,降水井的交替布置可以有效减小双排降水井降水区域重叠的问题,提高了每口降水井的利用率,在相同的施工时间内,能够优化坑内的降水效果。

3. 围护结构稳定性

降水井位置的优化选取,一方面要加强坑内降水的效果,另一方面,也要减少因降水工作带来的围护结构偏移和地表沉降。提取两种降水井布置方案下的地下连续墙深部水平位移数据以及墙后地表沉降数据分析比对。结果如图 5-39 和图 5-40 所示。

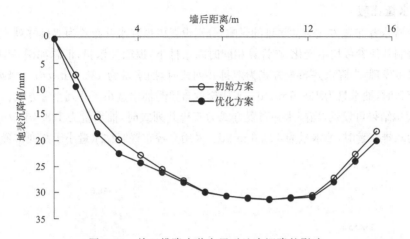

图 5-39 单双排降水井布置对地表沉降的影响

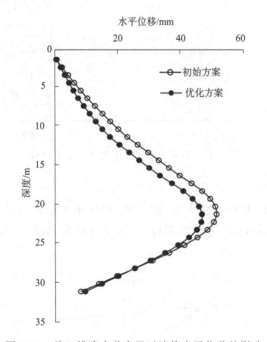

图 5-40 单双排降水井布置对墙体水平位移的影响

分析图中数据可以看出,两种降水井布置方式条件下,地表沉降量与墙体水平位移量均不同。现行的降水井布置方案,降水结束后,地表沉降最大量为 31.5 mm,墙体最大水平位移为 51.8 mm;降水井采取交替布置方式,降水结束后,地表沉降最大量为 31.5 mm,墙体最大水平位移为 47.1 mm;地表沉降最大量并未发生变化,墙体最大水平位移减少了 4.7 mm,下降了 9.1%。

相比于现行的降水井布置方式,采取交替布置的方式,不仅有效降低了基坑底板深度中心处孔隙水压力 1.5×10^4 Pa,同时也能够减小墙体最大水平位移 9.1%。

4. 抽水量比较

为研究降水井布置方式对抽水量的影响,分别设置模拟降水井布置为双排并列式、双排交替式条件下控制其他参数均不变化,在计算相同时间条件下,提取抽水量,汇总如图 5-41 所示。根据模拟结果可发现,当降水井布置方式为双排并列式时,抽水量为 138.4 m^3/d;当降水井布置方式为双排交替时,抽水量为 138.6 m^3/d。采用交替布置时抽水量小于并列布置方式。

根据模拟结果可发现,当降水井布置方式为双排并列式时,抽水量为 138.4 m^3/d;当降水井布置方式为双排交替时,抽水量为 123.6 m^3/d。采用交替布置时抽水量小于并列布置方式。

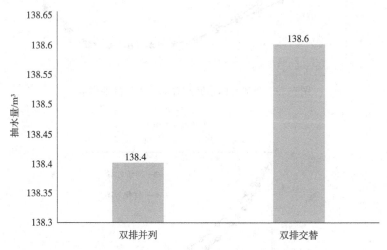

图 5-41   单双排降水井布置下抽水量比较

5. 小   结

综合考虑降水效果、基底孔隙水压、抽水量、墙体水平位移与地表沉降考虑,排间距在 10~14 m 范围内,排间距越大,基坑变形越小,抽水量越大,如图 5-42 所示。选择排间距为 12 m 为最优距离。

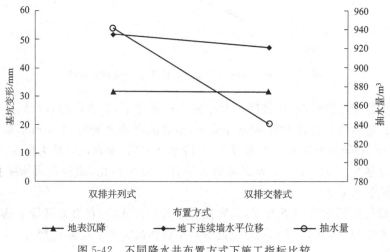

图 5-42   不同降水井布置方式下施工指标比较

5.4 本章小结

针对济南黄河隧道工程南岸汽修厂站基坑降水及开挖过程中的主要问题,为确定最优的降水方案,利用 FLAC³ᴰ 软件,模拟地下连续墙及降水井在不同深度条件下降水及开挖过程;模拟降水井在不同排间距条件下的降水及开挖过程;针对双排降水井影响范围重叠问题,提出降水井双排交替布置方案,并模拟其降水及开挖过程,得到的主要结论如下:

(1)当降水井深度不变,地下连续墙插入深度在 27～35 m 范围内变化时,模拟降水过程可以发现:基坑内部孔隙水压力受到的影响基本可以忽略,降幅均可达到 95%,均可达到施工要求;基坑外部的孔隙水压力受到地下连续墙深度变化的影响较大,随着深度的增加,有效隔断坑内与坑外地下水的联系,地下连续墙的插入深度每增加 2 m,墙后位置处孔隙水压力降幅可减小 4%,墙后 9 m 位置处孔隙水压力降幅可减小 2%,墙后 21 m 位置处孔隙水压力降幅减小不足 1%。增加地下连续墙的插入深度可以起到保护地下水的作用。模拟开挖过程可以发现:地下连续墙深度小于 31 m 时,墙体最大水平位移及地表沉降量随地下连续墙插入深度的增加快速减小,地下连续墙深度大于 31 m 时,墙体最大水平位移及地表沉降量随地下连续墙插入深度的增加减小速度逐渐变缓。抽水量随地下连续墙深度的增加减小速度逐渐变缓。因此,综合环境保护、施工量与围护结构稳定等多因素考虑,选定地下连续墙插入深度 31 m 为最优深度。

(2)当地下连续墙深度不变,降水井插入深度在 31～39 m 范围内变化时,模拟降水过程可以发现:基坑内部与外部的孔隙水压力均受到降水井深度变化的影响,随着深度的增加,抽水能力不断提升,降水井的插入深度每增加 2 m,坑内孔隙水压力降幅增加 1.8%,墙后位置处孔隙水压力降幅增加 5.3%,墙后 9 m 位置处孔隙水压力降幅增加 2.6%,墙后 21 m 位置处孔隙水压力降幅减小增加不足 1%。增加降水井的插入深度虽然可提高抽水能力,但也加快了坑外地下水的流失。模拟开挖过程可以发现:降水井深度小于 35 m 时,墙体最大水平位移及地表沉降量随降水井插入深度的增加缓慢增加,降水井深度大于 35 m 时,墙体最大水平位移及地表沉降量随降水井插入深度的增加快速增加。因此,综合环境保护、施工量与围护结构稳定等多因素考虑,选定降水井插入深度 35 m 为最优深度。

(3)控制地下连续墙及降水井深度均不变,修改降水井的位置,控制降水井排间距分别为 10 m、12 m、14 m 时,模拟降水及开挖的过程,可以发现:当排间距为 10 m、12 m 时,基底深度处的孔隙水压力云图基本相同,当排间距增加至 14 m 时,基底深度处的孔隙水压力明显上升,说明降水效果不理想;随着排间距的增加,墙体水平方向位移及地表沉降量逐渐减小,说明排间距的增加有助于围护结构的稳定。在保证基底孔压达到施工标准的前提下,排间距选择 12 m 有助于围护结构的稳定。

(4)通过模拟单口降水井的降水过程确定降水井的有效影响半径,发现双排对称布置可能会导致降水区域重叠的问题,降低了降水井的工作效率,因此提出一种双排降水井交替布置方式,模拟降水开挖过程发现:双排交替布置降水井不仅可减小基底中心孔压 1.5×10^4 Pa,还可使墙体最大水平位移下降 9.1%。

因此,综合环境保护、施工量与围护结构稳定等多因素考虑,选定降水井布置方案为双排交替式布置有助于降水效果及围护结构稳定。

6 | 基于正交试验的基坑稳定性主要影响因素

6.1 引　言

评价基坑稳定性的因素主要包括基坑的变形与受力情况,其中,地表沉降、地下连续墙水平位移、坑底隆起以及支撑受力情况四种指标不仅能完整地反映出基坑在三维空间内的变形与受力特征,而且监测手段简单、数据容易获得、监测点容易布置、监测频率高,是判断基坑是否稳定的重要指标。

影响基坑稳定性的因素主要包括设计因素、施工场地本身特性以及施工方法三方面因素。其中设计因素包括基坑平面尺寸、开挖深度、围护结构插入深度、地下连续墙的刚度与厚度以及支护设计密度数量、刚度、间距等设计因子。施工场地本身性质包括土体黏聚力、内摩擦角、土体弹性模量以及地下水位高度等固有因子。施工因素包括基坑开挖前的水位降深、刚支撑预应力、地表超载以及开挖步数等施工因子。

施工场地本身物理性质不会发生变化,可通过加固周边土体方式进行优化。施工因素与现场施工和遵守制度有关,可通过加强现场工作人员安全意识进行优化。设计因素不仅确定了基坑的三维空间尺寸,更与基坑的整体稳定性密切相关,因此,确定合理的设计数据,分析各设计因子对基坑稳定性的影响敏感度,找到诱发基坑失稳的主导因素,并有针对性地提出设计数据优化对基坑工程具有重要的理论意义与实践价值。

现有的大多数研究方法仅针对基坑某一变形特征或安全系数等进行单方面研究,这种研究方法是通过控制其他参数不变,在一定区间内调整某一个参数,研究这一因素的变化对基坑某一变形特征的影响,这种分析方法是常规的定量分析方法,虽然能方便地分析某一因素对某一变形特征的影响,但各因素量纲不统一,计算结果不能直接比较,而且分别考虑不同因素变化计算工作量大,所需时间较长。

为克服上述缺点,本章采用正交试验与数值模拟相结合的方法系统地针对多因素耦合作用下使用多种考核指标判断基坑稳定性展开相关研究,使用极差分析法与方差分析法,研究各设计因素对不同考核指标影响度的主次关系,为确定影响基坑变形因素及设计施工提供参考。

6.2 试验设计

6.2.1 正交试验设计

正交试验的目的是想要从众多影响因素中有针对性地找到影响不同考核指标的具体因子,并对其作出排序。根据不同因子所属种类不同,将影响基坑稳定性的因子分为设计因子、固有因子、施工因子三类。分别对各类因子进行正交试验分析,通过对实验结果的分析,得出影响基坑稳定性的各个因子。

研究的设计因子有 6 种,则正交试验表有 6 个因素,同时,本文采用表 6-1 中的 5 水平设计,能够更好地反映各因素在某一区间内的敏感度。

设计正交试验表 L25(5^6)表头见表 6-1,选取 6 个设计因子分别为:地下连续墙插入比 0.3~0.7、地下连续墙刚度 1.6×10^{10}~2.410^{10} Pa、钢支撑刚度 1.2×10^{11}~2×10^{11} Pa、地下连续墙厚度 0.6~1 m、开挖深度 12~28 m 和平面长宽比 1~2,具体见表 6-1。

表 6-1 设计因子正交试验表头设计

水平	因素					
	I	II	III	IV	V	VI
	地下连续墙 插入比	地下连续墙 刚度/GPa	钢支撑刚度 /GPa	地下连续墙 厚度/m	开挖深度/m	长宽比
1	0.3	16	120	0.6	12	1
2	0.4	18	140	0.7	16	1.25
3	0.5	20	160	0.8	20	1.5
4	0.6	22	180	0.9	24	1.75
5	0.7	24	200	1	28	2

研究的固有因子包括五种,则正交试验采用 5 个因素 4 个水平设计,能够更好地反映各因素在某一区间内的敏感度。正交试验表 L16(4^5)表头见表 6-2,选取 5 个固有因子分别为:黏聚力 20~35 kPa、内摩擦角 6°~12°、地下水位 0~9 m、弹性模量指数 0.6~0.9、孔隙率 0.3~0.6。

表 6-2 固有因子正交试验表头设计

水平	因素				
	I	II	III	IV	V
	黏聚力/MPa	内摩擦角/(°)	地下水位/m	弹性模量指数	孔隙率
1	20	6	0	0.6	0.3
2	25	8	−3	0.7	0.4
3	30	10	−6	0.8	0.5
4	35	12	−9	0.9	0.6

研究的施工因子包括四种,则正交试验表采用 4 个因素 3 个水平设计,能够更好地反映各因素在某一区间内的敏感度。正交试验表 L9(3⁴)表头见表 6-3,选取 4 个施工因子分别为:钢支撑预应力 50～150 kN、水位降深 20～30 m、地表超载 25～35 kN、开挖步数 2～4 步。

表 6-3　施工因子正交试验表头设计

水平	因素			
	Ⅰ	Ⅱ	Ⅲ	Ⅳ
	支撑预应力/kN	水位降深/m	地表荷载/MPa	分步开挖深度/m
1	50	20	25	10、10
2	100	25	30	7、6、7
3	150	30	35	5、5、5、5

6.2.2　有限元模型算例

研究不同因子对基坑稳定性的影响时,采用数值模拟的方式,使用 FLAC3D 数值模拟软件模拟基坑开挖过程。本次模拟实验并未按照某一具体工程实例进行参数的选取,而是根据经验法取值,仅作为通用性分析,计算模型选择为小应变塑性硬化模型(Small - Plastic - Hardening)土体参数设置为粉质黏土,土体参数见表 6-4。

表 6-4　模型土体参数

容重/(kN·m⁻³)	黏聚力/kPa	内摩擦角/(°)	弹性模量指数	剪胀角/(°)	E_{50}^{ref}	地下水位/m
19	25	8	0.8	0	$1×10^7$	3

E_{oed}^{ref}	E_{ur}^{ref}	固结系数	剪切塑性硬化参数	孔隙率		
$5×10^6$	$3×10^7$	0.65	$2×10^{-4}$	0.4		

上述参数为初始参数,控制参与稳定性分析的因子在试验中会在相应区间上变化,不参与稳定性分析的因子则始终不变。

为减小实验误差,需控制除研究对象因子发生变化外,其他因子均不发生变化。基坑长度统一设置为 30 m,支护方案统一设置为三道钢支撑,分别架设在开挖深度的 1/4、2/4、3/4 处。模型的平面尺寸统一规定为墙后 50 m 范围,模型高度统一设置为 70 m。模型示意图如图 6-1 所示。

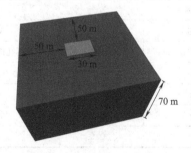

图 6-1

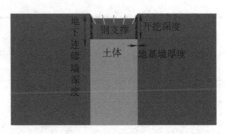

图 6-1 数值模拟模型

模型建立后,对土层进行参数赋值并设置地下水位,随后进行初始地应力平衡以获得施工区域的初始应力场及渗流场;随后进行地下连续墙及降水井的设立,进行开挖前的降水工作;最后进行土体开挖及支撑架设。

分别记录试验结果,提取每组试验墙后地表沉降最大值、坑底隆起最大值、地下连续墙最大水平位移与钢支撑最大轴力作为检验基坑稳定性的指标。

6.3 设计因子正交试验结果及分析

6.3.1 试验结果

按照正交试验表进行数值模拟,模拟结果见表 6-5。

表 6-5 正交试验结果统计

试验号	因素						考核指标			
	I	II	III	IV	V	VI	地表沉降 /mm	支挡水平 位移/mm	坑底隆 起/mm	轴力/kN
1	0.3	16	120	0.6	12	1	12.00	2.92	122	2 800
2	0.3	18	140	0.7	16	1.25	12.30	5.39	167	5 680
3	0.3	20	160	0.8	20	1.5	13.3	8.64	218	9 880
4	0.3	22	180	0.9	24	1.75	13.80	12.7	266	15 200
5	0.3	24	200	1	28	2	13.80	17.1	308	21 100
6	0.4	16	140	0.8	24	2	15.9	29.4	243	17 200
7	0.4	18	160	0.9	28	1	18.00	41	360	21 500
8	0.4	20	180	1	12	1.25	14.50	1.52	105	2 820
9	0.4	22	200	0.6	16	1.5	12.30	5.85	152	6 960
10	0.4	24	120	0.7	20	1.75	12.80	13.4	193	11 300
11	0.5	16	160	1	16	1.75	12.60	5.87	132	1 700
12	0.5	18	180	0.6	20	2	15.20	23	188	12 800
13	0.5	20	200	0.7	24	1	15.50	34.3	290	20 500

试验号	因素						考核指标			
	Ⅰ	Ⅱ	Ⅲ	Ⅳ	Ⅴ	Ⅵ	地表沉降/mm	支挡水平位移/mm	坑底隆起/mm	轴力/kN
14	0.5	22	120	0.8	28	1.25	17.9	54.3	345	23 100
15	0.5	24	140	0.9	12	1.5	10.10	1.95	97.5	31 600
16	0.6	16	180	0.7	28	1.5	20.00	85.3	384	25 500
17	0.6	18	200	0.8	12	1.75	12.3	2.64	89.6	4 050
18	0.6	20	120	0.9	16	2	12.60	8.11	125	7 800
19	0.6	22	140	1	20	1	13.40	16.1	218	11 000
20	0.6	24	160	0.6	24	1.25	15.90	47	288	19 000
21	0.7	16	200	0.9	20	1.25	14.60	24.1	213	13 700
22	0.7	18	120	1	24	1.5	18.90	36.1	269	17 700
23	0.7	20	140	0.6	28	1.75	19.90	89.6	401	25 300
24	0.7	22	160	0.7	12	2	11.50	3.51	83.6	4 450
25	0.7	24	180	0.8	16	1	11.6	10	165	8 000

6.3.2　极差分析

极差分析法具有计算过程简便、计算结果形象直观的特点,因此又被称为直观分析法,是分析正交试验结果的常用方法之一。统计好正交试验结果之后,采用极差分析法对试验结果进行分析。分析过程如下:

(1)根据统计好的正交试验结果,分别统计各个因素分别在 5 个水平条件下的考核指标代数和,即 $K(ji)$,其中 j 代表考核指标;i 代表某一因素的某一水平;$K(ji)$ 即为某一因素在某一水平条件下的考核指标代数和。设 $K(ci)$ 表示地表沉降、$K(si)$ 表示围护结构水平位移、$K(li)$ 表示坑底隆起、$K(zi)$ 表示钢支撑轴力。

(2)得到考核指标在某一因素的某一水平条件下的代数和之后,计算考核指标在某一因素的某一水平条件下的平均值 $\bar{k}$,这是因为平均值更能反映出这一因素的最优水平,对于本次正交试验,$\bar{k}$ 越大说明基坑变形或受力越大,基坑越不稳定;$\bar{k}$ 越小说明基坑越安全,不易发生变形破坏。

(3)计算各因素在不同水平下的极差 $R(R = \max \bar{k} - \min \bar{k})$,极差 R 能够反映出某一考核指标在某因素不同水平作用下的变化幅度,R 值越大,说明这一因素对考核指标的结果影响越大;R 值越小,说明影响越小。

按照上述流程分别计算地表沉降、围护结构水平位移、坑底隆起及支撑轴力对 6 种设计因子的极差 R_c、R_s、R_l、R_z,并对各个影响因素进行排序,统计地表沉降极差如图 6-2 所示。

由图 6-2 可知对于地表沉降,$K(c1) < K(c3) < K(c2) < K(c4) < K(c5)$(因素Ⅰ)、$K(c5) < K(c4) < K(c1) < K(c3) < K(c2)$(因素Ⅱ)、$K(c5) < K(c3) < K(c2) < K(c1) < K(c4)$(因素Ⅲ)、$K(c4) < K(c3) < K(c2) < K(c5) < K(c1)$(因素Ⅳ)、$K(c1) < K(c2) <$

$K(c3)<K(c4)<K(c5)$（因素Ⅴ）、$K(c5)<K(c1)<K(c4)<K(c3)<K(c2)$（因素Ⅵ），因此各因素最优水平分别为第 1 水平、第 5 水平、第 5 水平、第 4 水平、第 1 水平、第 5 水平；同时，对比各因素不同水平条件下极差：$R_c(Ⅴ)>R_c(Ⅱ)>R_c(Ⅰ)>R_c(Ⅲ)>R_c(Ⅵ)=R_c(Ⅳ)$，可知对于地表沉降，各因子影响度排序为：开挖深度＞地下连续墙刚度＞地下连续墙插入比＞钢支撑刚度＞长宽比＝地下连续墙厚度。

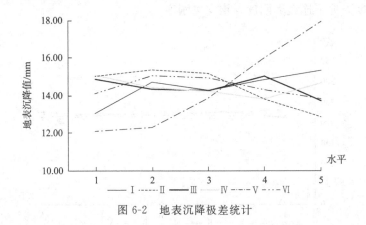

图 6-2　地表沉降极差统计

统计围护结构水平位移极差，如图 6-3 所示。可知对于围护结构水平位移，$K(s1)<K(s2)<K(s3)<K(s4)<K(s5)$（因素Ⅰ）、$K(s5)<K(s4)<K(s2)<K(s3)<K(s1)$（因素Ⅱ）、$K(s5)<K(s3)<K(s1)<K(s4)<K(s2)$（因素Ⅲ）、$K(s5)<K(s4)<K(s3)<K(s2)<K(s1)$（因素Ⅳ）、$K(s1)<K(s2)<K(s3)<K(s4)<K(s5)$（因素Ⅴ）、$K(s5)<K(s1)<K(s4)<K(s2)<K(s3)$（因素Ⅵ），因此各因素最优水平分别为第 1 水平、第 5 水平、第 5 水平、第 5 水平、第 1 水平、第 5 水平；同时，对比各因素不同水平条件下极差：$R_s(Ⅴ)>R_s(Ⅰ)>R_s(Ⅳ)>R_s(Ⅲ)>R_s(Ⅱ)>R_s(Ⅵ)$，可知对于围护结构水平位移，各因子影响度排序为：开挖深度＞地下连续墙插入比＞地下连续墙厚度＞钢支撑刚度＞地下连续墙刚度＞长宽比。

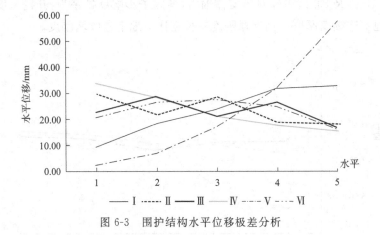

图 6-3　围护结构水平位移极差分析

统计基坑坑底降起极差，如图 6-4 所示。可知对于坑底隆起，$K(l3)<K(l2)<K(l1)<K(l4)<K(l5)$（因素Ⅰ）、$K(l5)<K(l4)<K(l2)<K(l1)<K(l3)$（因素Ⅱ）、$K(l5)<K(l1)<$

$K(\text{l}3) < K(\text{l}4) < K(\text{l}2)$（因素Ⅲ）、$K(\text{l}5) < K(\text{l}3) < K(\text{l}4) < K(\text{l}2) < K(\text{l}1)$（因素Ⅳ）、$K(\text{l}1) <$ $K(\text{l}2) < K(\text{l}3) < K(\text{l}4) < K(\text{l}5)$（因素Ⅴ）、$K(\text{l}5) < K(\text{l}4) < K(\text{l}2) < K(\text{l}3) < K(\text{l}1)$（因素Ⅵ），因此各因素最优水平分别为第 3 水平、第 5 水平、第 5 水平、第 5 水平、第 1 水平、第 5 水平；同时，对比各因素不同水平条件下极差：$R_s(Ⅴ) > R_s(Ⅵ) > R_s(Ⅳ) > R_s(Ⅱ) > R_s(Ⅰ) >$ $R_s(Ⅲ)$，可知对于坑底隆起，各因子影响度排序为：开挖深度＞长宽比＞地下连续墙插入比＞地下连续墙厚度＞地下连续墙刚度＞钢支撑刚度。

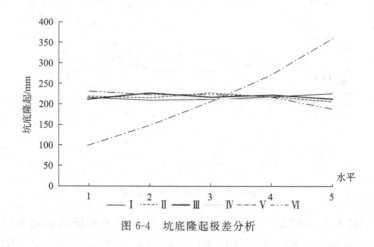

图 6-4   坑底隆起极差分析

统计钢支撑轴力极差如图 6-5 所示。可知对于支撑轴力，$K(z1) < K(z2) < K(z3) <$ $K(z4) < K(z5)$（因素Ⅰ）、$K(z4) < K(z1) < K(z2) < K(z5) < K(z3)$（因素Ⅱ）、$K(z3) <$ $K(z1) = K(z2) < K(z4) < K(z5)$（因素Ⅲ）、$K(z5) < K(z4) < K(z3) < K(z1) < K(z2)$（因素Ⅳ）、$K(z1) < K(z2) < K(z3) < K(z4) < K(z5)$（因素Ⅴ）、$K(z4) < K(z3) < K(z5) < K(z1) <$ $K(z2)$（因素Ⅵ），因此各因素最优水平分别为第 1 水平、第 4 水平、第 3 水平、第 5 水平、第 1 水平、第 4 水平；同时，对比各因素不同水平条件下极差：$R_z(Ⅴ) > R_s(Ⅰ) > R_s(Ⅳ) >$ $R_s(Ⅲ) > R_s(Ⅵ) > R_s(Ⅱ)$，可知对于支撑轴力，各因子影响度排序为：开挖深度＞地下连续墙插入比＞地下连续墙厚度＞钢支撑刚度＞长宽比＞地下连续墙刚度。

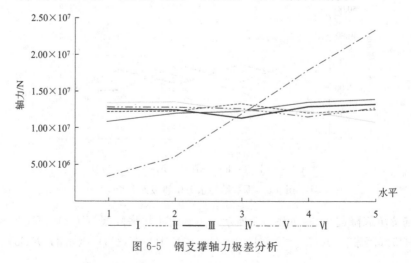

图 6-5   钢支撑轴力极差分析

由上述极差分析过程可知,每个设计因子对不同考核指标的影响度排序并不相同,对于不同的考核指标,由极差分析得到的最优水平组合并不相同,因此不能直接用于实际施工中,还需结合考核指标重要程度、施工成本和难度、经济效益等多方面原因综合考虑。

对比极差分析法及灰度关联分析法结果可知,两种方法的排序结果包含一致性,也存在差异性,但主要影响因素排序保持一致,采用两种方法结合的手段,可有效确定各影响因素对考核指标的影响主次关系,以达到评价研究目标对整体稳定性影响的目的。

6.3.3 方差分析

方差分析法,又被称为变异数分析法,适用于两个及以上样本均数差别的显著性检验,其基本思想是通过分析不同来源的变异对总变异的贡献大小,从而确定研究因素对研究结果的影响力的大小。方差分析可以降低试验误差对结果的影响。对正交试验结果进行方差分析时,可将影响度最小,即 R 值最小的一个因素作为误差列。根据上述极差分析过程,地表沉降、围护结构水平方向位移、坑底隆起、钢支撑轴力四项考核指标的误差列分别为因素Ⅳ、因素Ⅵ、因素Ⅲ、因素Ⅱ。

方差分析结果见表 6-6。

表 6-6 正交试验方差结果分析

指标	方差来源	平方和	自由度	均方和	构造统计量 F	临界值	显著程度 S
地表沉降	Ⅰ	14.79	4	3.697 5	3.42	$F0.01(4,4)=15.98$	0
	Ⅱ	23.3	4	5.825	5.38		1
	Ⅲ	5.45	4	1.362 5	1.26	$F0.05(4,4)=6.39$	0
	Ⅳ	4.33	4	1.082 5			0
	Ⅴ	125.57	4	31.392 5	29	$F0.1(4,4)=4.11$	3
	Ⅵ	5.7	4	1.425	1.32		0
	误差(Ⅳ)	4.33	4	1.082 5			
围护结构水平位移	Ⅰ	1 904.8	4	476.20	4.40	$F0.01(4,4)=15.98$	1
	Ⅱ	600.8	4	150.20	1.39		0
	Ⅲ	419.5	4	104.88	0.97	$F0.05(4,4)=6.39$	0
	Ⅳ	1 174.4	4	293.60	2.71		0
	Ⅴ	9 882.3	4	2 470.58	22.84	$F0.1(4,4)=4.11$	3
	Ⅵ	432.7	4	108.18			0
	误差(Ⅵ)	432.7	4	108.18			
坑底隆起	Ⅰ	930.2	4	232.55	1.09	$F0.01(4,4)=15.98$	0
	Ⅱ	932.9	4	233.225	1.09		0
	Ⅲ	854.5	4	213.625		$F0.05(4,4)=6.39$	0
	Ⅳ	1 874.9	4	468.725	2.19		0
	Ⅴ	209 618.2	4	52 404.55	245.31	$F0.1(4,4)=4.11$	3
	Ⅵ	5 227.7	4	1 306.925	6.12		1
	误差(Ⅲ)	854.5	4	213.625			

指标	方差来源	平方和	自由度	均方和	构造统计量 F	临界值	显著程度 S
支撑轴力	I	3.50×10^{13}	4	8.75×10^{12}	5.30	$F0.01(4,4)=15.98$	1
	II	6.60×10^{12}	4	1.65×10^{12}			0
	III	1.32×10^{13}	4	3.30×10^{12}	2.00	$F0.05(4,4)=6.39$	0
	IV	2.49×10^{13}	4	6.225×10^{12}	3.77		0
	V	1.38×10^{15}	4	3.4475×10^{14}	208.94	$F0.1(4,4)=4.11$	3
	VI	1.10×10^{13}	4	2.75×10^{12}	1.67		0
	误差(II)	6.60×10^{12}	4	1.65×10^{12}			

根据表中数据可知:地下连续墙刚度和开挖深度是诱发墙后地表沉降的主要因素,显著程度分别为 3 和 1;地下连续墙插入比和开挖深度是导致围护结构水平位移的主要因素,显著程度分别为 3 和 1;开挖深度和长宽比是引起坑底隆起的主要因素,显著程度托别为 3 和 1;地下连续墙插入比、钢支撑刚度和开挖深度是钢支撑轴力增加的主要因素,显著程度分别为 1、1、3。与主要影响因素相比,其他因素对考核指标无显著影响。

6.4 固有因子正交试验结果及分析

6.4.1 试验结果

按照正交试验表进行数值模拟,模拟结果见表 6-7。

表 6-7   正交试验结果统计

试验号	因素					考核指标			
	I	II	III	IV	V	地表沉降/mm	支挡水平位移/mm	坑底隆起/mm	轴力/kN
1	20	6	0	0.6	0.3	26.9	26.7	228	12 400
2	20	8	−3	0.7	0.4	13.3	26.9	225	12 000
3	20	10	−6	0.8	0.5	7.67	27.8	244	14 300
4	20	12	−9	0.9	0.6	4.39	28.4	247	15 300
5	25	6	−3	0.8	0.6	11.1	27.4	236	13 600
6	25	8	0	0.9	0.5	20.5	26.4	231	13 100
7	25	10	−9	0.6	0.4	4.36	26.1	240	13 000
8	25	12	−6	0.7	0.3	7.71	24.3	225	12 000
9	30	6	−6	0.9	0.4	6.21	25	232	11 700
10	30	8	−9	0.8	0.3	4.81	25.2	232	12 300
11	30	10	0	0.7	0.6	21	28.2	249	14 600
12	30	12	−3	0.6	0.5	12.2	26.5	242	13 500
13	35	6	−9	0.7	0.6	5.72	26.2	250	12 700
14	35	8	−6	0.6	0.6	6.98	28.1	253	14 500
15	35	10	−3	0.9	0.3	13	24.3	224	11 800
16	35	12	0	0.8	0.4	22.7	25.2	231	12 600

6.4.2 极差分析

按照极差计算流程对正交试验结果进行处理计算,得到极差 R_c、R_s、R_1、R_z,结果如图 6-6～图 6-8 所示。

由图 6-6 可知对于地表沉降,$K(c2)<K(c3)<K(c4)<K(c1)$(因素Ⅰ)、$K(c2)<K(c3)<K(c4)<K(c1)$(因素Ⅱ)、$K(c4)<K(c3)<K(c2)<K(c1)$(因素Ⅲ)、$K(c4)<K(c3)<K(c2)<K(c1)$(因素Ⅳ)、$K(c4)<K(c3)<K(c2)<K(c1)$(因素Ⅴ),因此各因素最优水平分别为第 2 水平、第 2 水平、第 4 水平、第 4 水平、第 4 水平;同时,对比各因素不同水平条件下极差:$R_c(Ⅲ)>R_c(Ⅴ)>R_c(Ⅰ)>R_c(Ⅳ)>R_c(Ⅱ)$,可知对于地表沉降,各因子影响度排序为:地下水位>孔隙率>黏聚力>弹性模量指数>内摩擦角。

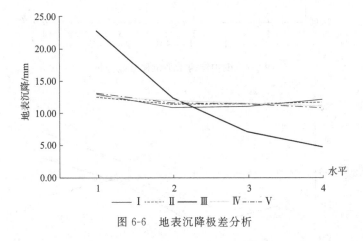

图 6-6 地表沉降极差分析

由图 6-7 可知对于围护结构水平位移,$K(s2)<K(s3)<K(s4)<K(s1)$(因素Ⅰ)、$K(s4)<K(s1)<K(s3)<K(s2)$(因素Ⅱ)、$K(s2)<K(s3)<K(s4)<K(s1)$(因素Ⅲ)、$K(s4)<K(s3)=K(s2)<K(s1)$(因素Ⅳ)、$K(s1)<K(s2)<K(s3)<K(s4)$(因素Ⅴ),因此各因素最优水平分别为第 2 水平、第 4 水平、第 2 水平、第 4 水平、第 1 水平;同时,对比各因素不同水平条件下极差:$R_s(Ⅴ)>R_s(Ⅰ)>R_s(Ⅳ)>R_s(Ⅱ)>R_s(Ⅲ)$,可知对于围护结构水平位移,各因子影响度排序为:孔隙率>黏聚力>弹性模量指数>内摩擦角>地下水位。

由图 6-8 可知对于坑底隆起,$K(l2)<K(l1)<K(l3)<K(l4)$(因素Ⅰ)、$K(l2)<K(l4)<K(l1)<K(l3)$(因素Ⅱ)、$K(l2)<K(l1)<K(l3)<K(l4)$(因素Ⅲ)、$K(l4)<K(l3)<K(l2)<K(l1)$(因素Ⅳ)、$K(l1)<K(l2)<K(l3)<K(l4)$(因素Ⅴ),因此各因素最优水平分别为第 2 水平、第 2 水平、第 2 水平、第 4 水平、第 1 水平;同时,对比各因素不同水平条件下极差:$R_1(Ⅴ)>R_1(Ⅲ)>R_1(Ⅳ)>R_1(Ⅰ)>R_1(Ⅱ)$,可知对于基坑底部隆起,各因子影响度排序为:孔隙率>地下水位>弹性模量指数>黏聚力>内摩擦角。

由图 6-9 可知对于支撑轴力,$K(z4)<K(z2)<K(z3)<K(z1)$(因素Ⅰ)、$K(z1)<K(z2)<K(z4)<K(z3)$(因素Ⅱ)、$K(z2)<K(z3)<K(z1)<K(z4)$(因素Ⅲ)、$K(z2)<K(z4)<K(z3)<K(z1)$(因素Ⅳ)、$K(z1)<K(z2)<K(z3)<K(z4)$(因素Ⅴ),因此各因素

最优水平分别为第 4 水平、第 1 水平、第 2 水平、第 2 水平、第 1 水平;同时,对比各因素不同水平条件下极差:$R_z(\text{V}) > R_z(\text{II}) > R_z(\text{III}) = R_z(\text{I}) > R_z(\text{IV})$,可知对于支撑轴力,各因子影响度排序为:孔隙率>内摩擦角>地下水位=黏聚力>弹性模量指数。

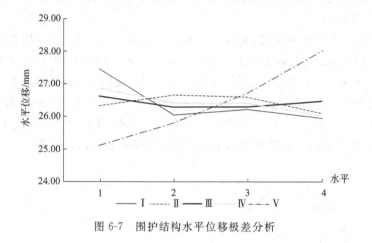

图 6-7　围护结构水平位移极差分析

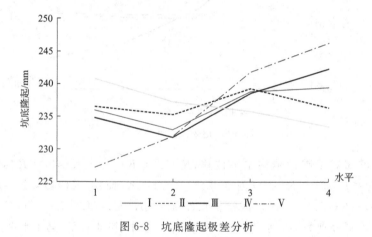

图 6-8　坑底隆起极差分析

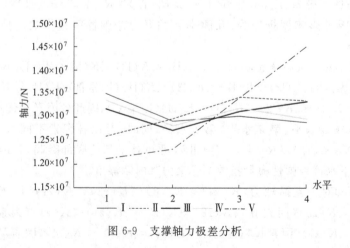

图 6-9　支撑轴力极差分析

6.4.3　方差分析

结合极差计算结果,计算方差见表 6-8。

表 6-8　正交试验方差结果分析

指标	方差来源	平方和	自由度	均方和	构造统计量 F	临界值	显著程度
地表沉降	Ⅰ	12.09	3	4.03	4.23	$F0.01(3,3)=29.46$	0
	Ⅱ	2.86	3	0.95			0
	Ⅲ	764.89	3	254.96	267.44	$F0.05(3,3)=9.28$	3
	Ⅳ	5.3	3	1.77	1.85		0
	Ⅴ	10.69	3	3.56	3.748	$F0.1(3,3)=5.36$	0
	误差(Ⅱ)	2.86	3	0.95			
围护结构水平位移	Ⅰ	5.83	3	1.94	18.22	$F0.01(3,3)=29.46$	2
	Ⅱ	0.79	3	0.26	2.47		0
	Ⅲ	0.32	3	0.11		$F0.05(3,3)=9.28$	0
	Ⅳ	1.37	3	0.46	4.28		0
	Ⅴ	18.92	3	6.31	59.13	$F0.1(3,3)=5.36$	3
	误差(Ⅲ)	0.32	3	0.11			
坑底隆起	Ⅰ	104.69	3	34.90	2.97	$F0.01(3,3)=29.46$	0
	Ⅱ	35.19	3	11.73			0
	Ⅲ	249.19	3	83.06	7.08	$F0.05(3,3)=9.28$	0
	Ⅳ	111.19	3	37.06	3.16		0
	Ⅴ	912.19	3	304.06	25.92	$F0.1(3,3)=5.36$	2
	误差(Ⅱ)	35.19	3	11.73			
支撑轴力	Ⅰ	1.70×10^{13}	3	$5.666\,67\times10^{12}$	1.02	$F0.01(3,3)=29.46$	0
	Ⅱ	1.78×10^{13}	3	$5.933\,33\times10^{12}$	1.07		0
	Ⅲ	1.69×10^{13}	3	$5.633\,33\times10^{12}$	1.01	$F0.05(3,3)=9.28$	0
	Ⅳ	1.67×10^{13}	3	$5.566\,67\times10^{12}$			0
	Ⅴ	3.00×10^{13}	3	1×10^{13}	1.80	$F0.1(3,3)=5.36$	0
	误差(Ⅳ)	1.67×10^{13}	3	$5.566\,67\times10^{12}$			

　　根据表中数据可知:地下水位高度是导致地表沉降的主要因素,显著程度为 3;土体黏聚力和孔隙率是导致围护结构水平位移的主要因素,显著程度分别为 2 和 3;土体孔隙率是引起坑底隆起的主要因素,显著程度托别为 2;固有因素中并无对支撑轴力影响很大的因素。与主要影响因素相比,其他因素对考核指标无显著影响。

6.5 施工因子正交试验结果及分析

6.5.1 试验结果

按照正交试验表进行数值模拟,模拟结果见表 6-9。

表 6-9 正交试验结果统计

试验号	因素				考核指标			
	Ⅰ	Ⅱ	Ⅲ	Ⅳ	地表沉降/mm	支挡水平位移/mm	坑底隆起/mm	轴力/kN
1	5.00×10^4	20	25	10、10	5.3	18.4	271	14 200
2	5.00×10^4	25	30	7、6、7	12.8	29.8	215	10 800
3	5.00×10^4	30	35	5、5、5、5	19	27	179	13 200
4	1.00×10^5	20	30	5、5、5、5	11.3	22.3	276	14 700
5	1.00×10^5	25	35	10、10	16.4	20.5	212	13 300
6	1.00×10^5	30	25	7、6、7	8.6	32	177	10 400
7	1.50×10^5	20	35	7、6、7	17.7	27.3	270	11 600
8	1.50×10^5	25	25	5、5、5、5	6.8	24.6	220	13 700
9	1.50×10^5	30	30	10、10	11.9	22.2	171	13 000

6.5.2 极差分析

由图 6-10 可知对于地表沉降,$K(c2) < K(c3) < K(c1)$(因素Ⅰ)、$K(c1) < K(c2) < K(c3)$(因素Ⅱ)、$K(c1) < K(c2) < K(c3)$(因素Ⅲ)、$K(c1) < K(c3) < K(c2)$(因素Ⅳ),因此各因素最优水平分别为第 2 水平、第 1 水平、第 1 水平、第 1 水平;同时,对比各因素不同水平条件下极差:$R_c(Ⅲ) > R_c(Ⅳ) > R_c(Ⅱ) > R_c(Ⅰ)$,可知对于地表沉降,各因子影响度排序为:地表荷载>分部开挖深度>水位降深>支撑预应力。

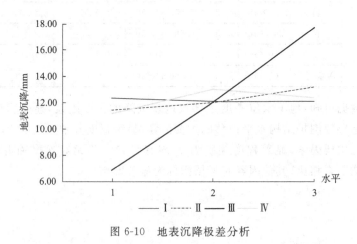

图 6-10 地表沉降极差分析

由图 6-11 可知对于围护结构水平位移，$K(c3) < K(c2) < K(c1)$（因素Ⅰ）、$K(c1) < K(c2) < K(c3)$（因素Ⅱ）、$K(c2) < K(c3) < K(c1)$（因素Ⅲ）、$K(c1) < K(c3) < K(c2)$（因素Ⅳ），因此各因素最优水平分别为第 3 水平、第 1 水平、第 2 水平、第 1 水平；同时，对比各因素不同水平条件下极差：$R_c(Ⅳ) > R_c(Ⅱ) > R_c(Ⅰ) > R_c(Ⅲ)$，可知对于围护结构水平位移，各因子影响度排序为：分部开挖深度＞水位降深＞支撑预应力＞地表荷载。

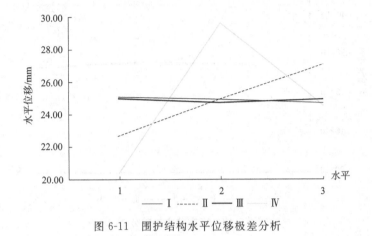

图 6-11　围护结构水平位移极差分析

由图 6-12 可知对于坑底隆起，$K(c3) < K(c2) = K(c1)$（因素Ⅰ）、$K(c3) < K(c2) < K(c1)$（因素Ⅱ）、$K(c3) < K(c2) < K(c1)$（因素Ⅲ）、$K(c1) < K(c2) < K(c3)$（因素Ⅳ），因此各因素最优水平分别为第 3 水平、第 3 水平、第 3 水平、第 1 水平；同时，对比各因素不同水平条件下极差：$R_c(Ⅱ) > R_c(Ⅳ) > R_c(Ⅲ) > R_c(Ⅰ)$，可知对于围护结构水平位移，各因子影响度排序为：水位降深＞分部开挖深度＞地表荷载＞支撑预应力。

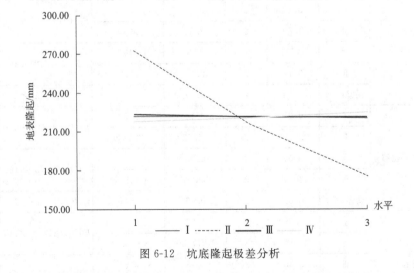

图 6-12　坑底隆起极差分析

由图 6-13 可知对于坑底隆起，$K(c1) < K(c2) = K(c3)$（因素Ⅰ）、$K(c3) < K(c2) < K(c1)$（因素Ⅱ）、$K(c3) < K(c2) = K(c1)$（因素Ⅲ）、$K(c2) < K(c1) < K(c3)$（因素Ⅳ），因此

各因素最优水平分别为第 1 水平、第 3 水平、第 3 水平、第 2 水平;同时,对比各因素不同水平条件下极差:$R_c(Ⅳ)>R_c(Ⅱ)>R_c(Ⅲ)>R_c(Ⅰ)$,可知对于围护结构水平位移,各因子影响度排序为:分部开挖深度>水位降深>地表荷载>支撑预应力。

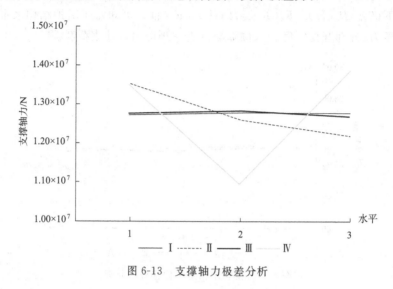

图 6-13 支撑轴力极差分析

6.5.3 方差分析

正交试验方差结果分析见表 6-10。

表 6-10 正交试验方差结果分析

指标	方差来源	平方和	自由度	均方和	构造统计量 F	临界值	显著程度
地表沉降	Ⅰ	0.13	2	0.07		$F0.01(2,2)=99.01$	0
	Ⅱ	4.69	2	2.35	36.08		2
	Ⅲ	175.1	2	87.55	1 346.92	$F0.05(2,2)=19$	3
	Ⅳ	5.17	2	2.59	39.77		2
	误差(Ⅰ)	0.13	2	0.07		$F0.1(2,2)=9$	
围护结构水平位移	Ⅰ	0.21	2	0.11	2.33	$F0.01(2,2)=99.01$	0
	Ⅱ	29.06	2	14.53	322.89		3
	Ⅲ	0.09	2	0.05		$F0.05(2,2)=19$	0
	Ⅳ	130.99	2	65.50	1 455.44		3
	误差(Ⅲ)	0.09	2	0.05		$F0.1(2,2)=9$	
坑底隆起	Ⅰ	3.56	2	1.78		$F0.01(2,2)=99.01$	0
	Ⅱ	14 155	2	7 077.50	3 976.12		3
	Ⅲ	9.56	2	4.78	2.69	$F0.05(2,2)=19$	0
	Ⅳ	74.89	2	37.45	21.04		2
	误差(Ⅰ)	3.56	2	1.78		$F0.1(2,2)=9$	

续上表

指标	方差来源	平方和	自由度	均方和	构造统计量 F	临界值	显著程度
支撑轴力	Ⅰ	2.50×10^{12}	2	1.25×10^{12}		$F0.01(2,2)=99.01$	0
	Ⅱ	1.00×10^{11}	2	5.00×10^{10}	0.04		0
	Ⅲ	2.50×10^{12}	2	1.25×10^{12}	1.00	$F0.05(2,2)=19$	0
	Ⅳ	1.30×10^{13}	2	6.50×10^{12}	5.20		0
	误差（Ⅰ）	2.50×10^{12}	2	1.25×10^{12}		$F0.1(2,2)=9$	

6.6 参数敏感度分析

通过以上对设计因子、固有因子的极差和方差的计算过程,已经可以获得各因子分别对各指标的敏感度。为综合考虑各因子对基坑整体稳定性的影响程度,将各因素对四种考核指标的影响度进行代数相加,计算结果便是各因素对基坑稳定性的影响程度大小。代数和越大,对基坑的稳定性影响越大;代数和越少,对基坑的稳定性影响越小。

由表 6-11 可知,设计因子中影响基坑稳定性显著程度最大的为开挖深度,第二是地下连续墙插入比,地下连续墙刚度、刚支撑刚度和平面长宽比影响次之,最后是地下连续墙厚度。开挖深度对各考核指标的敏感度均是 3,对基坑整体稳定性敏感度达到 12,说明开挖深度是影响基坑稳定性的最主要因素;地下连续墙厚度对各考核指标的敏感度均为 0,说明与其他因子相比,地下连续墙厚度对基坑稳定性的影响较小。

表 6-11 设计因子对基坑稳定性参数敏感度分析

考核指标	地下连续墙插入比	地下连续墙刚度	钢支撑刚度	地下连续墙厚度	开挖深度	长宽比
地表沉降	0	1	0	0	3	0
支挡水平位移	1	0	0	0	3	0
坑底隆起	0	0	0	0	3	1
支撑轴力	1	0	0	0	3	0
代数和	2	1	0	0	12	1

由表 6-12 可知,固有因子中影响基坑稳定性显著程度最大的是土体的孔隙率,然后为地下水位及土体黏聚力,最后是土体内摩擦角和弹性模量指数。土体孔隙率对支挡结构水平位移及坑底隆起的敏感度分别为 3 和 2;地下水位对地表沉降的敏感度为 3;土体内距离对支挡水平位移的敏感度为 2;土体内摩擦角及弹性模量指数对基坑稳定性的敏感度为 0,说明这两个因子相比于其他因子对基坑稳定性的影响较小。

表 6-12　固有因子对基坑稳定性参数敏感度分析

考核指标	黏聚力	内摩擦角	地下水位	弹性模量指数	孔隙率
地表沉降	0	0	3	0	0
支挡水平位移	2	0	0	0	3
坑底隆起	0	0	0	0	2
轴力	0	0	0	0	0
代数和	2	0	3	0	5

由表 6-13 可知,施工因子中影响基坑稳定性显著程度最大的是水位降深,然后开挖步数及地表超载,最后是钢支撑预应力。水位降深对支挡结构水平位移、坑底隆起和地表沉降的敏感度分别为 3、3、2;开挖步数对支挡结构水平位移、坑底隆起和地表沉降的敏感度分别为 3、2、2;地表荷载对地表沉降的敏感度为 3;钢支撑预应力对基坑稳定性的敏感度为 0,说明该因子相较于其他因子对基坑稳定性的影响较小。

表 6-13　施工因子对基坑稳定性参数敏感度分析

考核指标	支撑预应力	水位降深	地表荷载	分步开挖深度
地表沉降	0	2	3	2
支挡水平位移	0	3	0	3
坑底隆起	0	3	0	2
轴力	0	0	0	0
代数和	0	8	3	7

6.7　本章小结

本章基于正交试验,系统划分影响基坑稳定性的因素,将其列为设计因子、固有因子以及施工因子,并对各个因子进行细化,通过设计正交试验对每个因子设置因素水平,进行大量的数值模拟计算,最后通过极差、方差的分析,对影响考核指标的因子进行敏感度排序,最终得到影响基坑稳定性的主要因素。通过以地表沉降、支挡水平位移、坑底隆起和支撑轴力为影响基坑稳定性的考核指标,进行稳定性影响因素研究,得到的主要结论有:设计因子中影响基坑稳定性因素敏感度排序为:开挖深度＞地下连续墙插入比＞地下连续墙刚度＞长宽比＞钢支撑刚度＞地下连续墙厚度;固有因子中影响基坑稳定性因素敏感度排序为:孔隙率＞地下水位＞土体黏聚力＞内摩擦角＞土体弹性模量指数;施工因子中影响基坑稳定性因素敏感度排序为:水位降深＞分步开挖深度＞地表荷载＞支撑预应力。得到上述结论后,可获得影响基坑稳定的最关键几个参数,进而有针对性的优化设计方案,优化施工手段,提前预知土体本身性质造成的不稳定影响,控制基坑的整体稳定性。

7 结　论

依托于济南黄河隧道南岸明挖基坑工程,以有效控制临河条件下深基坑开挖施工支护结构变形和周围环境安全为出发点,通过现场调研、现场监测、理论分析、数值模拟等一系列方法,从深基坑工程降水治理、深大基坑围护结构稳定性与参数优化、深基坑结构土压力计算理论、深大基坑开挖对周边环境的影响等多个角度展开系统的研究,主要研究成果如下:

(1)推导了土拱迹线方程,揭示了土拱迹线与土体内摩擦角之间的关系,得到了极限土拱拱跨与内摩擦角和基坑开挖深度之间的关系以及土拱的影响范围,分析了基坑开挖长度小于极限土拱拱跨时滑裂土体的三种形态,建立了考虑土拱效应影响极限平衡状态下的滑裂土体主动土压力计算方程。

(2)总结了 HSS 本构模型各个参数的经验取值方法,确定了基坑工程土体参数反演中HSS 本构模型待反演参数,反演了济南黄河区域粉质黏土土体的"等效参数",并检验证明了反演结果的准确性。

(3)得到了小长宽比超深基坑工程土压力分布特点和基坑端部与中间位置水平土压力的动态演化规律,结果显示小长宽比超深基坑开挖后土拱效应明显,两端会形成应力升高区中间区域为应力降低区。得到了小长宽比超深基坑支挡结构的空间效应特征,地下连续墙变形呈现"两端变形小、中间变形大的特点",内支撑轴力分布具有相同规律,承受荷载较大的内支撑主要集中在地下连续墙变形较大的中心区域。

(4)提出了超大、超深基坑工程支挡结构优化设计方案,确定了济南黄河隧道南岸超大深基坑加固优化方案。得到了桩板式地下连续墙+内支撑支挡结构加固桩附近与两相邻桩中间区域水平土压力随土体位移之间的变化规律,揭示了加固优化方案扰动应力场应力分布特征。

(5)系统地对不同降水方案、不同地下连续墙及降水井插入深度做了数值模拟比对,并从合理性、经济性及安全性角度提出了最优的降水方案参数匹配,在保证降水效果的前提下,减少了抽水量,达到了保护地下水资源,控制地表沉降的目的。

(6)提出基于基坑整体变形关系的计算墙后地表沉降槽的包络函数曲线公式,可获得墙后任意一点的沉降量,避免了传统监测方案布点数量不易确定,最大变形点不易寻找等问题。

(7)基于正交试验与极差方差分析的方法,对影响基坑稳定性的因素新型了分类划分为固有因素、施工因素、设计因素,并针对每一类因素进行大量模拟实验,最终确定每一类别中影响度最大的因子,有针对性地对具体因子进行控制,可大大提高基坑整体安全性。

本书创新点:(1)提出基于"土拱效应"的富水粉质黏土地层超深基坑土压力确定方法,

考虑拱脚优化的方法,对狭长基坑(汽修厂站、合建段基坑工程)支护方案进行了优化,优化后可减少地下连续墙变形 40％以上,极大地提高了工程安全性。(2)提出基于基坑整体变形关系的计算墙后地表沉降槽的包络函数曲线公式,可获得墙后任意一点的沉降量,避免了传统监测方案布点数量不易确定,最大变形点不易寻找等问题。

济南市穿黄隧道工程南岸基坑线紧邻黄河,下穿多个建(构)筑物群、地下管线、城市道路,工程范围内地下水位较高,粉土、黏土、砂土地质范围较广,施工安全风险较大,不仅易引起地表沉降、地下管线变形、地面建筑物倾斜,而且极易出现涌水、流沙、突水突泥,对施工安全提出了挑战。本研究旨在确保基坑安全施工和地面建(构)筑物、地下管线、既有道路的安全,有效控制地表沉降,防止突水突泥、涌水、流沙,同时提高施工效率和质量,降低施工成本,确保施工安全、有效控制周边地表沉降、提高施工效率和施工质量、节能环保和高效管理,以实现加快速交通建设,从而适应交通建设事业快速发展的需要,确保安全顺利完成,为下一步建设提供施工经验和技术积累。随着我国交通建设的兴起,成果必将大量应用,产生显著的经济和社会效益,具有很好的推广应用前景。

参 考 文 献

[1] TERZAGHI K. A fundamental fallacy in earth pressure computations[M]. Cambridge: Harvard University, 1936.

[2] 付立彬, 宋梦. 空间效应对基坑开挖围护结构变形的影响[J]. 地下空间与工程学报, 2015, 11(6): 1596-1602.

[3] 俞建霖, 龚晓南. 深基坑工程的空间性状分析[J]. 岩土工程学报, 1999(1): 24-28.

[4] 杨雪强, 刘祖德, 何世秀. 论深基坑支护的空间效应[J]. 岩土工程学报, 1998(2): 74-78.

[5] 叶帅华, 李德鹏. 复杂环境下深大基坑开挖监测与数值模拟分析[J]. 土木工程学报, 2019, 52(S2): 117-126.

[6] 陈辉, 薛栩超, 郭建刚, 等. 基于不同软件模拟深基坑开挖变形的对比分析[J]. 南京工业大学学报(自然科学版), 2020, 42(6): 780-786.

[7] 刘杰. 组合预测模型在基坑变形监测中的应用[J]. 北京测绘, 2017(4): 46-49.

[8] 顾慰慈, 武全社. 作用在挡土结构上的土压力的研究[J]. 华北水利水电学院学报, 1992(2): 74-80.

[9] 杨雪强, 刘祖德, 何世秀. 论深基坑支护的空间效应[J]. 岩土工程学报, 1998(2): 3-5.

[10] 胡敏云, 苟长飞, 严昱翔, 等. 基坑宽度效应对基坑稳定性影响的有限元分析[J]. 地基处理, 2020, 2(1): 1-8.

[11] 王成华, 桂玉倩. 有限土体土压力计算方法研究进展综述[A]//土木工程新材料、新技术及其工程应用交流会论文集(下册)[C], 2019.

[12] 王荣山. 北京城铁东直门车站深基坑开挖和支护技术研究[D]. 天津: 天津大学, 2005.

[13] 芦森, 温锁林, 方永生. 某深基坑工程设计施工与监测[J]. 低温建筑技术, 2005(1): 83-85.

[14] 陆余年, 沈磊, 岳建勇. 与地下主体结构相结合的超大深基坑支护结构变形及内力特性分析[J]. 岩土工程学报, 2006(S1): 1365-1369.

[15] 徐中华, 李靖, 王卫东. 基坑工程平面竖向弹性地基梁法中土的水平抗力比例系数反分析研究[J]. 岩土力学, 2014, 35(S2): 398-404, 411.

[16] 施成华, 彭立敏. 基坑开挖及降水引起的地表沉降预测[J]. 土木工程学报, 2006(5): 117-121.

[17] 刘杨, 刘维, 史培新, 等. 超深地下连续墙成槽富水软弱层局部失稳理论研究[J]. 岩土力学, 2020, 41(S1): 10-18.

[18] 郑刚, 朱合华, 刘新荣, 等. 基坑工程与地下工程安全及环境影响控制[J]. 土木工程学报, 2016, 49(6): 1-24.

[19] 边亦海. 基于风险分析的软土地区深基坑支护方案选择[D]. 上海: 同济大学, 2006.

[20] PENG K, ZHOU Y F, LIU Y L, et al. The Application of Improved Genetic Algorithm to the Back Analysis of Foundation Pit Construction[A]//proceedings of the IOP Conference Series: Earth and Environmental Science[C], 2021.

[21] 张亚西. 海相软土地质深基坑土体参数反演及基坑动态开挖预测[D]. 成都: 西南交通大学, 2019.

[22] 田明俊, 周晶. 基于蚁群算法的土石坝土体参数反演[J]. 岩石力学与工程学报, 2005, 24(8):

1411-1416.

[23] 王军祥,董建华,陈四利.基于 DEPSO 混合智能算法的岩土体应力—渗流—损伤耦合模型多参数反演研究[J].应用基础与工程科学学报,2018,26(4):872-887.

[24] 赵香山,陈锦剑,黄忠辉,等.基坑变形数值分析中土体力学参数的确定方法[J].上海交通大学学报,2016,50(1):1-7.

[25] LV YAN,LIU T T,MA J,et al. Study on settlement prediction model of deep foundation pit in sand and pebble strata based on grey theory and BP neural network[J]. Arabian Journal of Geosciences,2020,13(23):1-13.

[26] 金长宇,马震岳,张运良,等.神经网络在岩体力学参数和地应力场反演中的应用[J].岩土力学,2006,27(8):1263-1266,1271.

[27] WU H J,BIAN K H,QIU J,et al. The prediction of foundation pit based on genetic back propagation neural network[J]. Journal of Computational Methods in Sciences and Engineering,2019,19(3):707-717.

[28] 李广信.高等土力学[M].北京:中国建筑工业出版社,2009.

[29] 钟靖宇.深圳前海软土本构模型的研究及工程应用[D].深圳:深圳大学,2017.

[30] 徐中华,王卫东.敏感环境下基坑数值分析中土体本构模型的选择[J].岩土力学,2010,31(1):258-264,326.

[31] 中华人民共和国住房和城乡建设部.建筑基坑支护技术规程:JGJ 120—2012[S].北京:中国建筑工业出版社,2012.

[32] TERAZAGHI K. Theoretical soil mechanics[M]. Hoboken:John Wiley and Sons,1943.

[33] HAN J,WANG F,AL-NADDAF M,et al. Progressive development of two-dimensional soil arching with displacement[J]. International Journal of Geomechanics,2017,17(12):04017112.

[34] LI Z W,LI T Z,YANG X L. Three-dimensional active earth pressure from cohesive backfills with tensile strength cutoff[J]. International Journal for Numerical and Analytical Methods in Geomechanics,2020,44(7):942-961.

[35] 陈强.砂性土中土拱效应的室内模型试验研究及机理分析[D].南昌:东华理工大学,2018.

[36] HANDY R L. The arch in soil arching[J]. Journal of Geotechnical Engineering,1985,111(3):302-318.

[37] 李栋,张琪昌,靳刚,等.考虑拱效应深基坑支护结构土压力分析[J].岩土力学,2015,36(S2):401-405.

[38] 缪协兴.自然平衡拱与巷道围岩的稳定[J].矿山压力与顶板管理,1990(2):55-57,72.

[39] HARROP W K. Arch in soil arching[J]. Journal of Geotechnical Engineering,1989,115(3):415-419.

[40] ZANI G,MARTINELLI P,GALLI A,et al. Three-dimensional modelling of a multi-span masonry arch bridge:Influence of soil compressibility on the structural response under vertical static loads[J]. Engineering Structures,2020,221:110998.

[41] 李大鹏,唐德高,闫凤国,等.深基坑空间效应机理及考虑其影响的土应力研究[J].浙江大学学报(工学版),2014,48(9):1632-1639,1720.

[42] 范益群,钟万勰,刘建航.时空效应理论与软土基坑工程现代设计概念[J].清华大学学报(自然科学版),2000(S1):49-53.

[43] OU C Y,HSIEH P G,CHIOU D C. Characteristics of ground surface settlement during excavation[J]. Canadian Geotechnical Journal,1993,30(5):758-767.

[44] OU C Y,CHIOU D C,WU T S. Three-dimensional finite element analysis of deep excavations[J]. Journal of Geotechnical Engineering,1996,122(5):337-345.

[45] FINNO R J,BLACKBURN J T,ROBOSKI J F. Three-dimensional effects for supported excavations

in clay[J]. Journal of Geotechnical and Geoenvironmental Engineering,2007,133(1):30-36.

[46]杨雪强,何世秀,余天庆.加筋砂土作用在挡土墙上的土压力研究[J].岩土力学,1997(1):25-34.

[47]顾慰慈.挡土墙主动土压力作为空间问题的一种计算方法[J].土木工程学报,1985(2):66-75.

[48]刘国彬,王卫东.基坑工程手册[M].北京:中国建筑工业出版社,2009.

[49]杨明辉,戴夏斌,赵明华,等.曲线滑裂面下有限宽度填土主动土压力计算[J].岩土力学,2017,38(7):2029-2035.

[50]王奎华,马少俊,吴文兵.挡土墙后曲面滑裂面下黏性土主动土压力计算[J].西南交通大学学报,2011,46(5):732-738.

[51]俞建霖,龚晓南.基坑工程变形性状研究[J].土木工程学报,2002(4):86-90.

[52]俞建霖.基坑性状的三维数值分析研究[J].建筑结构学报,2002(4):65-70.

[53]谭可源.刚性桩复合地基土拱效应的研究[C]//第七届中国公路科技创新高层论坛,北京,2015.

[54]TAN Y, WANG D L. Characteristics of a large-scale deep foundation pit excavated by the central-island technique in Shanghai soft clay. Ⅱ: Top-down construction of the peripheral rectangular pit[J]. Journal of Geotechnical and Geoenvironmental Engineering,2013,139(11):1894-1910.

[55]CHEN H H, LI J P, LI L. Performance of a zoned excavation by bottom-up technique in Shanghai soft soils[J]. Journal of Geotechnical and Geoenvironmental Engineering,2018,144(11):05018003.

[56]程康,徐日庆,应宏伟,等.杭州软黏土地区某30.2 m深大基坑开挖性状实测分析[J].岩石力学与工程学报,2021,40(4):851-863.

[57]李博.超流态混凝土灌注桩在地铁基坑中的应用研究[D].沈阳:沈阳建筑大学,2020.

[58]刘明发,左双英,季永新,等.基于竖向土拱效应的桩锚支护体系锚索参数优化[J].四川建筑科学研究,2018,44(2):77-83.

[59]豆红强,孙永鑫,王浩,等.桩板式挡土墙桩—板土压力传递特性的试验研究[J].工程科学与技术,2019,51(3):77-84.

[60]中华人民共和国住房和城乡建设部.组合结构设计规范:JGJ 138—2016[S].北京:中国建筑工业出版社,2016.

[61]于丽,杨涅,吕城,等.型钢混凝土钢架等效弹性模量研究[J].铁道建筑,2018,58(9):42-45.